Fabbricazione di un essere umano

Sapete come funziona la meccanica del vostro corpo?

Contenuti

Introduzione

Presentazione del libro e dei suoi obiettivi

Benvenuti nel libro «Creazione di un essere umano: Conoscete il funzionamento della vostra stessa meccanica corporea?». Questo libro ha lo scopo di familiarizzare con la biologia umana presentando le basi e i fondamenti di questa disciplina. Esploreremo i diversi sistemi dell'organismo umano, i processi fisiologici, la genetica e l'evoluzione umana, le malattie e i trattamenti, così come gli aspetti sociali ed etici della biologia umana.

In questa presentazione, vi guideremo attraverso i contenuti di questo libro e vi spiegheremo perché è importante capire il funzionamento del vostro corpo. La biologia umana è un argomento affascinante e in continua evoluzione. Per questo motivo, questo libro si propone di fornire informazioni chiare, concise e scientificamente fondate, in modo che chiunque possa comprendere i complessi processi biologici che ci animano.

Inizieremo esplorando le cellule, i mattoni fondamentali del nostro corpo. Esamineremo i diversi tipi di cellule, le loro strutture e le loro funzioni, così come i processi biologici fondamentali come il metabolismo e la divisione cellulare. Affronteremo anche le interazioni cellulari, compresa la comunicazione, il riconoscimento e l'adesione.

Proseguiremo quindi con un'approfondita esplorazione di ogni sistema dell'organismo umano, compreso il sistema nervoso, il sistema endocrino, il sistema cardiovascolare, il sistema respiratorio, il sistema digerente, il sistema urinario e il sistema immunitario. Discuteremo l'anatomia, la fisiologia e le funzioni di ciascun sistema, al fine di comprendere il loro ruolo nel nostro corpo e la loro interconnessione.

Successivamente analizzeremo i processi fisiologici come la nutrizione, la respirazione, la circolazione, l'eliminazione e la riproduzione. Discuteremo l'anatomia, la fisiologia e le funzioni di ciascun processo, al fine di comprendere il loro ruolo nel nostro corpo e come interagiscono con i diversi sistemi.

Affronteremo poi la genetica e l'evoluzione umana. Esamineremo la struttura del DNA e dell'RNA, così come le basi dell'ereditarietà e della trasmissione dei caratteri. Affronteremo anche le mutazioni genetiche e le loro conseguenze, così come l'evoluzione umana, compresi i fossili, la genetica e la diversità umana.

Proseguiremo con un'approfondita esplorazione delle malattie e dei trattamenti. Affronteremo le cause delle malattie, compresi i fattori ambientali, genetici e comportamentali, nonché le malattie infettive e non infettive. Discuteremo anche i diversi tipi di trattamenti medici, come i farmaci, la chirurgia e le terapie alternative.

Affronteremo infine gli aspetti sociali ed etici della biologia umana. Discuteremo la sanità pubblica, la bioetica e le questioni sociali legate alla biologia umana, come le disuguaglianze nella salute, l'accesso alle cure e l'integrazione delle persone affette da malattie.

Infine, nell'ultima parte del libro, esploreremo gli sviluppi recenti e le prospettive della biologia umana. Discuteremo i progressi tecnologici come il sequenziamento del DNA, l'immagine bio e le nanotecnologie, così come le applicazioni della biologia umana come la medicina personalizzata, la medicina rigenerativa e le biotecnologie. Affronteremo anche le questioni della ricerca futura come l'invecchiamento, la salute ambientale e la medicina di precisione.

Il nostro obiettivo con questo libro è fornire un'introduzione completa ed accessibile alla biologia umana, in modo che chiunque possa comprendere ed apprezzare i complessi processi biologici che governano il nostro corpo. Speriamo inoltre di suscitare il vostro interesse per la biologia umana e di incoraggiarvi a continuare la vostra esplorazione di questo affascinante argomento.

Per garantire l'affidabilità dei nostri contenuti, abbiamo utilizzato numerose fonti scientifiche affidabili, che sono elencate alla fine del libro. Speriamo che questa lettura sia educativa e arricchente per voi e vi auguriamo un eccellente viaggio alla scoperta della biologia umana.

Introduzione alle basi della biologia umana

La biologia umana è la scienza che studia il funzionamento del corpo umano, dalle cellule ai sistemi più complessi che lo compongono. Si occupa anche dell'interazione tra l'organismo e il suo ambiente, così come della trasmissione dei caratteri ereditari.

Per comprendere il funzionamento del nostro corpo, è importante conoscere le basi della biologia cellulare. Le cellule sono le unità fondamentali della vita, e ogni tipo di cellula ha una struttura e funzioni specifiche. Le cellule si dividono e si rinnovano costantemente per garantire la crescita e la riparazione dei tessuti dell'organismo.

I processi biologici fondamentali, come il metabolismo e la divisione cellulare, sono anche essenziali per la sopravvivenza dell'organismo. Il metabolismo è il processo mediante il quale le cellule convertono i nutrienti in energia, mentre la divisione cellulare permette la crescita e la rigenerazione dei tessuti.

Le cellule comunicano, si riconoscono e si aderiscono tra di loro per formare tessuti e organi. Queste interazioni cellulari sono indispensabili per la coesione dell'organismo e per il suo corretto funzionamento.

Il corpo umano è costituito da diversi sistemi che lavorano in stretta collaborazione per mantenere l'equilibrio fisiologico dell'organismo. Il sistema nervoso garantisce la trasmissione delle informazioni tra gli organi e il cervello, mentre il sistema endocrino regola gli ormoni e le funzioni corporee. Il sistema cardiovascolare trasporta sangue e ossigeno in tutto il corpo, mentre il sistema respiratorio permette lo scambio di gas nei polmoni. Il sistema digestivo trasforma il cibo in nutrienti utilizzabili dall'organismo, mentre il sistema urinario elimina i rifiuti. Infine, il sistema immunitario protegge l'organismo dalle aggressioni esterne.

La nutrizione, la respirazione, la circolazione, l'eliminazione e la riproduzione sono processi fisiologici essenziali per la sopravvivenza e la salute dell'organismo. Ogni processo è complesso e coinvolge numerosi organi e sistemi.

La genetica e l'evoluzione umana sono anche aree importanti della biologia umana. La struttura del DNA e dell'RNA, così come le basi dell'ereditarietà e della trasmissione dei caratteri, permettono di comprendere la diversità genetica della specie umana. Le mutazioni genetiche e l'evoluzione umana hanno anche un impatto sulla salute e sulla diversità dell'organismo.

Infine, la biologia umana è anche legata a questioni sociali ed etiche, come la sanità pubblica, la bioetica e le questioni sociali. La ricerca in biologia umana contribuisce anche ad avanzare le conoscenze e le prospettive per la salute umana.

In sintesi, la biologia umana è una scienza affascinante che permette di comprendere il funzionamento del nostro corpo e la sua interazione con l'ambiente. Per meglio comprendere questa disciplina, è importante conoscere le basi della biologia cellulare, dei processi biologici fondamentali, delle interazioni cellulari e dei diversi sistemi dell'organismo umano. Questo permette di comprendere meglio i processi fisiologici, la genetica e l'evoluzione umana, così come le questioni sociali ed etiche della biologia umana.

La biologia umana è una disciplina in continua evoluzione grazie ai progressi tecnologici e alle nuove scoperte. Ricerche attuali si concentrano su aree come la medicina personalizzata, la medicina rigenerativa, le biotecnologie, l'invecchiamento e la salute ambientale.

Questo libro ha l'obiettivo di fornire ai lettori le conoscenze di base necessarie per comprendere il funzionamento del proprio corpo e le questioni correlate alla biologia umana. È importante sottolineare che la biologia umana è una scienza complessa, ma abbiamo fatto del nostro meglio per rendere questo libro accessibile e comprensibile per tutti.

Speriamo che questo libro vi permetta di approfondire la vostra conoscenza sulla vostra stessa meccanica corporea e di prendere consapevolezza delle importanti sfide della biologia umana.

Le cellule

Le cellule umane

La vita inizia con le cellule, i mattoni fondamentali che formano tutti i tessuti e gli organi del nostro corpo. Le cellule umane sono incredibilmente diverse e specializzate, ognuna svolge una specifica funzione essenziale per la vita.

Prendiamo ad esempio le cellule epiteliali. Esse agiscono come guardiani che ricoprono la superficie del nostro corpo e degli organi interni, formando una barriera protettiva contro le aggressioni esterne come microrganismi e tossine. Le cellule epiteliali che ricoprono la nostra pelle, ad esempio, sono costantemente esposte a queste aggressioni esterne, ma grazie alla loro struttura e funzione, sono in grado di respingerle e proteggere i tessuti sottostanti.

Le cellule muscolari, invece, sono responsabili della contrazione dei muscoli e del movimento del nostro corpo. Senza di loro, non potremmo muoverci e compiere movimenti. Tuttavia, le cellule muscolari hanno anche una sorprendente capacità di rigenerazione e riparazione. Ecco perché i muscoli possono svilupparsi e rafforzarsi con l'allenamento e l'esercizio.

Anche le cellule nervose, o neuroni, sono affascinanti. Trasmettono informazioni nel nostro sistema nervoso, che controlla tutte le funzioni del nostro corpo, dalla respirazione alla digestione, dal pensiero all'emozione. I neuroni hanno forme e funzioni diverse, alcuni trasmettono segnali ad una velocità incredibilmente veloce, altri memorizzano informazioni importanti per lunghi periodi di tempo.

Tutte queste cellule somatiche sono composte dalle stesse strutture di base: il nucleo, il citoplasma e la membrana cellulare. Il nucleo contiene il DNA, la molecola che porta le informazioni genetiche e regola l'attività cellulare. Il citoplasma è un gel acquoso che contiene gli organelli, le strutture specializzate delle cellule, come le mitocondri, che producono energia, o il reticolo endoplasmatico, che produce e trasporta proteine all'interno della cellula. La membrana cellulare è la barriera fisica che circonda la cellula, permettendo gli scambi con l'ambiente esterno.

Le cellule hanno anche la capacità di comunicare e cooperare tra di loro, mediante complesse interazioni cellulari. Le cellule possono collegarsi tra loro tramite strutture chiamate giunzioni cellulari, o comunicare attraverso segnali chimici chiamati citochine. Queste interazioni cellulari sono essenziali per il funzionamento coordinato dei nostri organi e dell'intero corpo.

In conclusione, le cellule umane sono i mattoni fondamentali del nostro corpo, ognuna svolge una specifica funzione essenziale per la vita. Le diverse strutture e funzioni delle cellule somatiche e germinali permettono il funzionamento coordinato del nostro corpo nel suo insieme. Anche la comunicazione e la cooperazione tra le cellule sono essenziali per il corretto funzionamento dei nostri organi e del nostro corpo.

Tutte queste informazioni scientifiche possono sembrare

aride e complicate, ma possono essere affascinanti se le consideriamo da un altro punto di vista. Ad esempio, hai mai pensato a come una semplice graffiatura può guarire? In realtà, tutto comincia con le cellule epiteliali che ricoprono la nostra pelle. Quando la pelle viene graffiata, queste cellule iniziano a lavorare per chiudere la ferita e impedire l'ingresso di microrganismi. Anche le cellule del sistema immunitario vengono attivate per eliminare batteri e detriti. Nel tempo, le cellule della pelle si rigenerano e sostituiscono le cellule danneggiate, fino a quando la ferita guarisce completamente.

Un altro esempio affascinante è rappresentato dai neuroni nel nostro cervello. Essi possono formare connessioni complesse e cambiare in base alle nostre esperienze e al nostro apprendimento. Ciò significa che il nostro cervello è in grado di adattarsi e svilupparsi per tutta la vita. Gli scienziati hanno scoperto che l'apprendimento di nuove abilità, come suonare uno strumento musicale o parlare una nuova lingua, può modificare le connessioni neuronali del nostro cervello in modo positivo.

In fin dei conti, le cellule umane sono la base della nostra esistenza e della nostra salute. Comprendere il loro funzionamento è fondamentale per comprendere il nostro stesso corpo e le malattie che possono colpire la nostra salute. Tuttavia, ciò può anche ispirarci ad apprezzare la complessità e la bellezza della vita stessa.

I processi biologici fondamentali

In questa sezione, ci immergeremo nei processi biologici

fondamentali che consentono al nostro corpo di funzionare, come il metabolismo e la divisione cellulare, la differenziazione cellulare e la morte cellulare programmata. Questi processi sono essenziali per la nostra sopravvivenza e crescita e sono regolati da meccanismi complessi e interdipendenti.

Il metabolismo è paragonabile a un'officina che trasforma il cibo in energia, che viene utilizzata per tutte le funzioni corporee come la respirazione, la circolazione sanguigna, il movimento, la sintesi delle proteine e molto altro. Una volta che il cibo è stato ingerito, il corpo inizia a scomporlo in nutrienti che le cellule possono utilizzare. Questi nutrienti vengono quindi trasportati attraverso il sangue alle cellule che ne hanno bisogno. Ad esempio, le cellule muscolari hanno bisogno di energia per contrarsi, mentre le cellule epatiche hanno bisogno di nutrienti per produrre enzimi. È grazie al metabolismo che tutte le funzioni corporee sono coordinate.

Parliamo ora della divisione cellulare. Sai che ogni giorno il tuo corpo produce milioni di cellule per sostituire quelle che invecchiano o si danneggiano? Questo processo è reso possibile attraverso la divisione cellulare, che può essere divisa in due tipi: mitosi e meiosi. La mitosi è il processo mediante il quale una cellula si divide in due cellule figlie identiche, mentre la meiosi è il processo mediante il quale una cellula si divide in quattro cellule figlie, ciascuna contenente la metà del numero di cromosomi della cellula madre. La meiosi è essenziale per la formazione delle cellule riproduttive, ovuli e spermatozoi.

Parlando di cellule, è anche importante capire la differenziazione cellulare. Immagina che il tuo corpo sia un'orchestra, dove ogni tipo di cellula è un musicista diverso che suona una parte specifica. La differenziazione cellulare è il processo che consente a ogni musicista di suonare la sua parte specifica per creare una bella sinfonia. Questo processo avviene attraverso l'espressione differenziale dei geni, che è regolata da segnali extracellulari e fattori di trascrizione.

Infine, parliamo della morte cellulare programmata. Come la musica deve essere suonata nelle giuste proporzioni, anche le cellule devono essere regolate per mantenere l'equilibrio nel nostro corpo. La morte cellulare programmata, o apoptosi, è un processo che elimina intenzionalmente le cellule danneggiate o invecchiate per mantenere questo equilibrio. Questo è importante per lo sviluppo normale degli organismi e per evitare lo sviluppo di gravi malattie.

È quindi fondamentale capire questi processi biologici fondamentali in quanto sono coinvolti in tutte le funzioni cellulari nel nostro corpo. Gli esempi che abbiamo utilizzato, come l'automobile, l'orchestra e la regolazione musicale, ci aiutano a visualizzare questi processi in modo più tangibile e a comprenderli più facilmente. Inoltre, la comprensione di questi processi biologici fondamentali ci aiuta anche a comprendere le malattie e le condizioni ad esse correlate.

A volte, infatti, i processi biologici fondamentali non si svolgono come dovrebbero, il che può portare a malattie e disturbi. Ad esempio, mutazioni genetiche possono interferire con la divisione cellulare e portare a un cancro. Allo stesso modo, squilibri nel metabolismo possono causare malattie come il diabete o l'obesità. Inoltre, la comprensione della differenziazione cellulare può aiutarci a comprendere le cause e i trattamenti delle malattie genetiche che derivano da un'espressione anomala dei geni.

Prendiamo ad esempio la storia della signora X, a cui è stato diagnosticato un cancro al seno. Ha subito un intervento chirurgico per rimuovere il tumore e successivamente ha iniziato una terapia chemioterapica per uccidere le cellule tumorali residue. I farmaci chemioterapici sono progettati per interferire con la divisione cellulare, impedendo alle cellule tumorali di riprodursi. Tuttavia, i farmaci possono anche influenzare le cellule sane, causando effetti collaterali come la perdita dei capelli e la stanchezza. La divisione cellulare è un processo complesso che può avere importanti conseguenze sulla nostra salute.

Infine, è importante capire che questi processi biologici fondamentali non sono statici, ma sono in costante evoluzione e cambiamento. I progressi della ricerca ci permettono di comprendere meglio questi processi e scoprire nuovi processi ancora sconosciuti. Ad esempio, la recente scoperta del RNA messaggero ci ha permesso di comprendere meglio la regolazione dell'espressione genica, aprendo la strada a nuovi trattamenti per le malattie genetiche.

In sintesi, la comprensione dei processi biologici fondamentali come il metabolismo, la divisione cellulare, la differenziazione cellulare e la morte cellulare programmata è fondamentale per comprendere il funzionamento della nostra stessa macchina corporea. Gli esempi e le metafore possono aiutare a visualizzare questi processi e a comprenderli più facilmente, mentre la ricerca continua ci permette di scoprire nuovi processi e di comprendere meglio le malattie ad essi correlati.

Le interazioni cellulari

Le cellule costituiscono gli elementi fondamentali di tutti gli organismi viventi. Sono coinvolte in numerosi importanti processi dell'organismo, come la produzione di energia, la sintesi delle proteine, la riparazione dei tessuti danneggiati, la comunicazione intercellulare e il riconoscimento di sé e delle altre cellule. Pertanto, le interazioni cellulari sono essenziali per mantenere la coesione e l'integrità dell'organismo.

Le cellule comunicano tra loro attraverso proteine di superficie e molecole di segnalazione. Le proteine di superficie, come i recettori di membrana, agiscono come antenne che ricevono segnali dall'ambiente cellulare e li trasmettono all'interno della cellula. Le molecole di segnalazione, come gli ormoni e i neurotrasmettitori, vengono secernute dalle cellule e diffondono nell'ambiente extracellulare dove si legano ai recettori delle cellule bersaglio per attivare risposte cellulari specifiche.

Ad esempio, i neuroni del sistema nervoso comunicano tra di loro utilizzando neurotrasmettitori, molecole di segnalazione che attivano o inibiscono l'attività dei neuroni bersaglio. Questa comunicazione cellulare è essenziale per la trasmissione delle informazioni nel cervello e per il controllo delle funzioni corporee come la respirazione, la digestione e il movimento.

Un altro esempio riguarda la cicatrizzazione delle ferite, dove la comunicazione cellulare gioca un ruolo fondamentale. Quando la nostra pelle viene danneggiata, le cellule del nostro sistema immunitario rilasciano segnali chimici che attraggono le cellule staminali e le cellule di rigenerazione nell'area danneggiata. Queste cellule ricevono quindi segnali di comunicazione che indicano loro come differenziarsi per formare i tipi di cellule specifici necessari per riparare la pelle. Questo processo è incredibilmente complesso, ma è reso possibile grazie alle interazioni cellulari.

Il riconoscimento cellulare è un processo chiave che consente a una cellula di distinguere le cellule del proprio corpo dalle cellule straniere. Le cellule possiedono specifiche proteine di superficie chiamate marker di identità cellulare che consentono loro di identificarsi reciprocamente. I marker di identità cellulare sono utilizzati dal sistema immunitario per differenziare le cellule del corpo dalle cellule straniere come batteri o virus.

Quando un virus o un batterio entra nel nostro corpo, le nostre cellule immunitarie devono essere in grado di riconoscere le cellule infette e distruggerle. Per fare ciò, le cellule immunitarie utilizzano marcatori di superficie per identificare le cellule del sé dalle cellule del non sé. Se una cellula presenta marcatori stranieri, verrà attaccata dalle cellule immunitarie.

L'adesione cellulare è un processo che consente a una cellula di aderire ad altre cellule o alla matrice extracellulare.

Le proteine di adesione, come integrine e cadherine, sono molecole di superficie che garantiscono l'adesione tra le cellule. Sono essenziali per la formazione dei tessuti e degli organi dell'organismo.

Ad esempio, durante lo sviluppo embrionale, le cellule staminali si differenziano per formare i diversi tipi di tessuti necessari per la formazione di un essere umano. Queste cellule devono poi aderire le une alle altre per formare gli organi e i sistemi del corpo. Se queste cellule non possono aderire correttamente, ciò può portare a anomalie dello sviluppo.

È incredibile pensare alla complessità delle interazioni cellulari che avvengono costantemente all'interno del nostro corpo per mantenere la nostra salute e il nostro benessere. Le cellule lavorano insieme in armonia per formare i tessuti e gli organi di cui abbiamo bisogno per funzionare correttamente. È una meraviglia della natura che merita di essere studiata e apprezzata.

In conclusione, le interazioni cellulari sono processi essenziali per il corretto funzionamento dell'organismo umano. La comunicazione, il riconoscimento e l'adesione cellulare sono meccanismi complessi che consentono alle cellule di cooperare e coordinare le loro funzioni per garantire la salute e la sopravvivenza dell'organismo nel suo insieme.

I sistemi dell'organismo umano

Il sistema nervoso

Il sistema nervoso è uno dei più complessi e affascinanti sistemi del corpo umano. Grazie ad esso siamo in grado di percepire il mondo che ci circonda, di pensare e di agire. Sai che i primi segni di un sistema nervoso complesso risalgono a più di 500 milioni di anni fa, nelle meduse? Questi animali marini possiedono una rete di nervi che permette loro di rilevare la luce e le vibrazioni, oltre a coordinare i loro movimenti.

Negli esseri umani, il sistema nervoso è molto più complesso. È costituito da una complessa rete di cellule specializzate chiamate neuroni, che comunicano tra di loro mediante segnali elettrici e chimici per controllare e coordinare tutte le funzioni del corpo. Ad esempio, quando tocchiamo una superficie calda, i recettori sensoriali della nostra pelle inviano un segnale elettrico al cervello, che interpreta quest'informazione come una sensazione di calore e invia un segnale ai muscoli per rimuovere la mano dalla superficie calda.

L'anatomia del sistema nervoso comprende il cervello, il midollo spinale e i nervi periferici che si estendono in tutto il corpo. Il cervello è l'organo principale del sistema nervoso ed è responsabile della presa delle decisioni, della regolazione delle funzioni corporee e della percezione sensoriale. Sai che il cervello umano pesa circa 1,5 chilogrammi e contiene più di 100 miliardi di neuroni? Questo rappresenta una straordinaria capacità di calcolo, che ci permette di pensare, sentire e percepire il mondo che ci circonda.

Il midollo spinale è un fascio di nervi che trasmette segnali sensoriali e motori tra il cervello e il resto del corpo. È avvolto dal liquido cefalorachidiano, che funziona come un cuscinetto protettivo per preservare il midollo spinale dai colpi e dalle vibrazioni. Quando subiamo un'infortunio al midollo spinale, ciò può causare la perdita delle sensazioni o del movimento nelle parti del corpo al di sotto del punto dell'infortunio.

Il sistema nervoso è anche diviso in due parti principali: il sistema nervoso centrale e il sistema nervoso periferico. Il sistema nervoso centrale è formato dal cervello e dal midollo spinale, mentre il sistema nervoso periferico comprende tutti i nervi che si collegano al sistema nervoso centrale ed si estendono in tutto il corpo. I nervi periferici sono responsabili della trasmissione delle informazioni sensoriali e motorie tra il cervello e le diverse parti del corpo. Ad esempio, quando camminiamo, i nervi periferici inviano segnali elettrici ai muscoli delle nostre gambe per farli muovere.

La fisiologia del sistema nervoso è complessa e coinvolge processi di comunicazione e regolazione che utilizzano sia segnali elettrici che chimici. I neuroni comunicano tra di loro mediante neurotrasmettitori, sostanze chimiche che trasportano l'informazione tra le cellule nervose. Questi neurotrasmettitori sono rilasciati dai neuroni presinaptici e si legano ai recettori sui neuroni postsinaptici, innescando così un segnale elettrico. Questo processo è alla base della comunicazione neuronale ed è cruciale per il funzionamento del sistema nervoso.

Il sistema nervoso è responsabile di una vasta gamma di funzioni corporee, tra cui il coordinamento dei movimenti muscolari, la regolazione della respirazione e della circolazione sanguigna, nonché la percezione sensoriale e il pensiero. Senza il sistema nervoso, non saremmo in grado di provare dolore, vedere o sentire, o persino respirare. Sai che i muscoli del nostro corpo sono controllati dal nostro sistema nervoso? Quando muoviamo le braccia o le gambe, il nostro cervello invia segnali elettrici lungo i nostri nervi periferici, che attivano i muscoli e li fanno muovere.

Il sistema nervoso è anche responsabile della regolazione delle emozioni e del comportamento. Neurotrasmettitori come la serotonina e la dopamina svolgono un ruolo importante nella regolazione dell'umore e del comportamento. Squilibri di queste sostanze chimiche possono causare disturbi dell'umore come la depressione e l'ansia.

Infine, il sistema nervoso è strettamente legato a numerose condizioni mediche, tra cui malattie neurologiche e psichiatriche come la sclerosi multipla, l'Alzheimer e la depressione. La ricerca continua in questo campo è fondamentale per aiutare a sviluppare nuovi trattamenti per queste malattie e per migliorare la nostra comprensione della complessità del sistema nervoso.

In sintesi, il sistema nervoso è uno dei sistemi più importanti e complessi del corpo umano. Comprendere il suo funzionamento è essenziale per una migliore comprensione del funzionamento del nostro corpo e per migliorare i trattamenti di numerose malattie. Prendiamoci cura del nostro sistema nervoso adottando uno stile di vita sano ed evitando comportamenti a rischio per mantenere la nostra salute mentale e fisica.

Il sistema endocrino

Il sistema endocrino è un insieme di ghiandole e organi che producono e secernono ormoni nel flusso sanguigno per regolare diverse funzioni dell'organismo. Gli ormoni sono messaggeri chimici che agiscono a distanza sulle cellule bersaglio per modulare la loro attività.

Le principali ghiandole endocrine dell'organismo sono l'ipofisi, la tiroide, le paratiroidi, le ghiandole surrenali, il pancreas e le gonadi (testicoli nell'uomo e ovaie nella donna). Ognuna di queste ghiandole produce specifici ormoni che regolano diverse funzioni corporee.

Il sistema endocrino è spesso paragonato a un sistema di messaggistica chimica che consente alle diverse parti del corpo di comunicare tra di loro. Ad esempio, quando abbiamo fame, il nostro sistema endocrino produce ormoni che inviano un segnale al nostro cervello per spingerci a cercare cibo. Allo stesso modo, quando siamo sotto stress, il nostro sistema endocrino produce adrenalina, un ormone che prepara il nostro corpo ad affrontare una situazione difficile.

L'ipofisi, chiamata anche ghiandola pituitaria, è spesso considerata la ghiandola maestra del sistema endocrino in quanto produce e secerne diversi ormoni che regolano la funzione di molte altre ghiandole endocrine. Ad esempio, l'ormone della crescita (GH) stimola la crescita e lo sviluppo dell'organismo, mentre l'ormone antidiuretico (ADH) regola l'equilibrio idrico nell'organismo.

I bambini che hanno carenza di GH possono avere un ritardo nella crescita e una statura ridotta. Tuttavia, in casi rari, un'eccessiva produzione di GH può portare ad una crescita e una statura anormalmente elevate, come nel caso del ex giocatore di basket Shaquille O'Neal.

La tiroide produce l'ormone tiroideo, che regola il metabolismo basale dell'organismo, ovvero la quantità di energia che l'organismo consuma a riposo. Le paratiroidi producono l'ormone paratiroideo, che regola il metabolismo del calcio nell'organismo. Le ghiandole surrenali producono diversi ormoni, compresa l'adrenalina, che prepara l'organismo ad affrontare una situazione di stress, e il cortisolo, che regola il metabolismo dei carboidrati.

Quando questa ghiandola non funziona correttamente, può causare problemi di salute come l'ipotiroidismo o l'ipertiroidismo. Un esempio di ipertiroidismo è il morbo di Basedow, che può causare gli occhi sporgenti, un ingrossamento della tiroide e una perdita di peso involontaria. Al contrario, l'ipotiroidismo può causare stanchezza, aumento di peso e maggiore sensibilità al freddo.

Allo stesso modo, le ghiandole surrenali sono due ghiandole situate sopra i reni che producono diversi ormoni importanti, tra cui l'adrenalina e il cortisolo. L'adrenalina viene prodotta in risposta ad una situazione di stress e può aumentare la frequenza cardiaca e la pressione sanguigna, preparare il corpo a reagire a una situazione pericolosa e aumentare la forza muscolare. Il cortisolo è anche prodotto in risposta allo stress e regola il metabolismo dei carboidrati, dei grassi e delle proteine. Un eccesso di cortisolo può causare una varietà di problemi di salute, come il morbo di Cushing, che può causare aumento di peso, debolezza muscolare e ipertensione arteriosa.

Il pancreas produce due importanti ormoni: l'insulina e il glucagone. L'insulina regola il livello di zucchero nel sangue promuovendo l'assorbimento del glucosio da parte delle cellule dell'organismo, mentre il glucagone libera zucchero nel sangue quando il livello di zucchero nel sangue è troppo basso. Le gonadi producono ormoni sessuali (testosterone nell'uomo ed estrogeni nella donna) che regolano la funzione sessuale e la riproduzione.

Il sistema endocrino svolge un ruolo cruciale nella regolazione di molte funzioni dell'organismo, tra cui la crescita, lo sviluppo, il metabolismo, la riproduzione, la risposta allo stress e l'equilibrio idrico. Disturbi endocrini possono causare molti problemi di salute, come il diabete, l'ipotiroidismo, l'ipertiroidismo, l'iperparatiroidismo, il morbo di Cushing, l'acromegalia e l'ipogonadismo.

Gli ormoni prodotti dal sistema endocrino hanno anche un impatto significativo sulla riproduzione. Le ghiandole gonadiche, che sono i testicoli negli uomini e le ovaie nelle donne, producono ormoni sessuali che regolano la funzione sessuale e la riproduzione. Ad esempio, il testosterone è un ormone prodotto dai testicoli che stimola la crescita muscolare, la crescita dei peli e la produzione di spermatozoi.

Nelle donne, le ovaie producono estrogeni, che regolano il ciclo mestruale e sono necessari per la riproduzione. Tuttavia, disfunzioni ormonali possono causare problemi come l'infertilità e le perdite fetali.

Una storia che illustra il ruolo cruciale del sistema endocrino nella riproduzione è quella della scoperta degli ormoni sessuali. All'inizio del XX secolo, gli scienziati sapevano che i testicoli e le ovaie producevano sostanze che regolavano la funzione sessuale, ma non sapevano esattamente quali fossero queste sostanze. Nel 1923, i ricercatori britannici Frederick Gowland Hopkins ed Ernest Starling coniarono il termine «ormone» per descrivere queste sostanze. Poco dopo, gli ormoni sessuali furono isolati e identificati, il che ha permesso di comprendere meglio la riproduzione e di sviluppare nuovi trattamenti per i disturbi sessuali.

In sintesi, il sistema endocrino è essenziale per la regolazione di molte funzioni dell'organismo e gli ormoni che produce hanno un impatto significativo sulla salute e sul benessere. Comprendere il funzionamento del sistema endocrino ci permette di capire meglio come funziona il nostro organismo e come mantenere la nostra salute.

Il sistema cardiovascolare

Il sistema cardiovascolare è uno dei sistemi più importanti del corpo umano. È responsabile del trasporto di ossigeno e nutrienti in tutto il corpo, nonché dell'eliminazione dei rifiuti metabolici.

Quando inspiriamo, l'ossigeno penetra nei polmoni, dove viene catturato dai globuli rossi nel nostro sangue. Questi globuli rossi trasportano poi l'ossigeno ai tessuti del nostro corpo, dove viene utilizzato per produrre energia nelle cellule.

Anatomicamente, il sistema cardiovascolare è composto da cuore, vasi sanguigni (arterie, vene e capillari) e sangue. Il cuore è un muscolo cavo, responsabile della circolazione del sangue, ed è diviso in quattro camere: due atri e due ventricoli. Le arterie trasportano il sangue ricco di ossigeno dal cuore ai tessuti dell'organismo, mentre le vene riportano il sangue impoverito di ossigeno dai tessuti al cuore per essere riossigenato. I capillari sono i più piccoli vasi sanguigni, dove avviene lo scambio di gas e nutrienti tra il sangue e le cellule.

Il sistema cardiovascolare è supportato dal sistema nervoso autonomo, che controlla la frequenza cardiaca, la forza di contrazione del cuore e la vasodilatazione o costrizione dei vasi sanguigni per regolare la pressione arteriosa.

Sapevi inoltre che il sistema nervoso autonomo è responsabile della reazione del nostro corpo in situazioni di stress? Quando siamo stressati, il nostro sistema nervoso autonomo attiva il sistema simpatico, che aumenta la frequenza cardiaca, dilata i bronchi e rilascia glucosio nel sangue per fornire energia aggiuntiva al nostro corpo.

Il sangue è un tessuto connettivo liquido che trasporta le cellule del sangue (globuli rossi, globuli bianchi e piastrine) e i nutrienti, ormoni, gas e rifiuti metabolici attraverso l'organismo. I globuli rossi trasportano l'ossigeno dai polmoni ai tessuti, mentre i globuli bianchi svolgono un ruolo chiave nella risposta immunitaria dell'organismo contro le infezioni. Le piastrine sono responsabili della coagulazione del sangue per prevenire sanguinamenti eccessivi.

Il sistema cardiovascolare è essenziale per la sopravvivenza e il corretto funzionamento del corpo umano. Le malattie cardiovascolari come l'ipertensione, l'insufficienza cardiaca e l'aterosclerosi possono causare gravi complicazioni, tra cui infarti e ictus.

Per mantenere un sistema cardiovascolare sano, è importante adottare uno stile di vita sano, come praticare regolarmente attività fisica, seguire una dieta equilibrata, evitare di fumare e limitare il consumo di alcol. È anche importante monitorare regolarmente la pressione arteriosa e sottoporsi a controlli medici periodici per rilevare precocemente eventuali segni di malattie cardiovascolari.

Prendiamo ad esempio John, un paziente di 65 anni che ha avuto un infarto alcuni anni fa. Gli è stato diagnosticato un morbo coronarico, una malattia che colpisce le arterie coronarie del cuore. Queste arterie sono responsabili del rifornimento di sangue e ossigeno al muscolo cardiaco. Il morbo coronarico è spesso causato dall'accumulo di placca nelle arterie, che le restringe e impedisce al sangue di fluire liberamente.

Grazie a un intervento chirurgico, John è stato salvato, ma è stato costretto a modificare il suo stile di vita per evitare futuri problemi di salute. Ha iniziato a fare regolarmente attività fisica, ha seguito una dieta sana e ha smesso di fumare. Ha anche imparato a gestire lo stress, poiché lo stress può aggravare il morbo coronarico.

La storia di John sottolinea l'importanza di prendersi cura del nostro sistema cardiovascolare. È essenziale monitorare regolarmente la nostra salute cardiaca e prendere misure per ridurre i rischi di malattie cardiovascolari. Questo può includere semplici cambiamenti nello stile di vita, come mangiare in modo più sano e fare regolarmente attività fisica, così come sottoporsi a controlli medici regolari per individuare eventuali segni precoci di malattie cardiovascolari.

In conclusione, il sistema cardiovascolare è uno degli elementi chiave della nostra meccanica corporea, che supporta la vita e la salute del corpo umano. Comprendere l'anatomia, la fisiologia e le funzioni di questo sistema ci permette di adottare misure per preservarne la salute e ridurre il rischio di malattie cardiovascolari.

Il sistema respiratorio

Il sistema respiratorio è essenziale per la sopravvivenza dell'essere umano, anche se raramente ne siamo consapevoli. Respiriamo circa 20.000 volte al giorno, senza neppure pensarci. È solo quando abbiamo difficoltà a respirare che ci rendiamo conto dell'importanza di questo sistema.

Esso è responsabile dell'apporto di ossigeno ed eliminazione di anidride carbonica nell'organismo. Il sistema respiratorio comprende le vie respiratorie superiori, i polmoni e i muscoli respiratori.

Le vie respiratorie superiori comprendono il naso, la gola, il faringe e la laringe. Sono responsabili dell'ingresso dell'aria nel nostro corpo. Il naso e la gola contengono peli e membrane mucose che filtrano l'aria e la riscaldano prima che raggiunga i polmoni. La faringe e la laringe sono coinvolte nella deglutizione e nel parlare.

I polmoni sono l'organo principale del sistema respiratorio. Sono composti da alveoli, bronchioli, bronchi e trachea. I bronchi e la trachea consentono all'aria di entrare e uscire dai polmoni. I bronchioli si ramificano per formare milioni di alveoli, che sono minuscole sacche d'aria in cui avviene lo scambio gassoso. Gli alveoli sono rivestiti da capillari sanguigni, dove l'ossigeno passa nel sangue e viene eliminata l'anidride carbonica.

I muscoli respiratori, come il diaframma e i muscoli intercostali, sono responsabili dell'inspirazione e dell'espirazione, cioè dell'ingresso e dell'uscita dell'aria dai polmoni. Quando inspiriamo, il diaframma si contrae e si abbassa, mentre i muscoli intercostali si contraggono per espandere la gabbia toracica e consentire all'aria di entrare nei polmoni. Quando espiriamo, i muscoli si rilassano e la gabbia toracica si restringe, espellendo l'aria dai polmoni.

Il sistema respiratorio è anche coinvolto nella regolazione del pH del sangue. I polmoni eliminano l'anidride carbonica, che è un acido, per mantenere l'equilibrio acido-base nel sangue.

Molte malattie respiratorie possono colpire il nostro sistema respiratorio, come l'asma, la bronchite, la polmonite o persino il cancro ai polmoni. È per questo che è importante prendersi cura dei nostri polmoni evitando di fumare, limitando l'esposizione all'inquinamento e facendo regolarmente attività fisica.

In sintesi, il sistema respiratorio è essenziale per l'apporto di ossigeno e l'eliminazione di anidride carbonica nel nostro corpo ed è composto da vie respiratorie superiori, polmoni e muscoli respiratori. La comprensione del funzionamento di questo sistema è fondamentale per mantenere una buona salute respiratoria e prevenire le malattie respiratorie.

A proposito, è interessante notare che la maggior parte di noi utilizza solo una parte dei nostri polmoni nella vita di tutti i giorni. Infatti, la maggior parte delle persone utilizza solo le parti superiori dei polmoni, lasciando inutilizzate le parti inferiori. La respirazione superficiale è molto diffusa, specialmente tra le persone stressate o ansiose. Tecniche di respirazione profonda, come lo yoga o la meditazione, possono aiutare a migliorare la respirazione e a ottimizzare l'utilizzo dei polmoni.

Il sistema digestivo: anatomia, fisiologia, funzioni

Il sistema digestivo è un insieme di organi che lavorano in sinergia per trasformare il cibo in nutrienti, eliminare i rifiuti e fornire energia al corpo. È composto da diversi organi principali, tra cui:

La bocca, dove inizia la digestione meccanica e chimica grazie alla masticazione e alla saliva, che contiene enzimi che aiutano a scomporre il cibo.

L'esofago, un tubo muscolare che trasporta il cibo dalla bocca allo stomaco.

Lo stomaco, un sacco muscolare che continua la digestione chimica del cibo mediante acidi e enzimi. Lo stomaco può anche immagazzinare il cibo fino a quando non è pronto per essere rilasciato nell'intestino tenue.

L'intestino tenue, dove avvengono la maggior parte della digestione e dell'assorbimento dei nutrienti. È composto da tre parti: il duodeno, il digiuno e l'ileo.

Il colon, dove l'acqua viene assorbita dai rifiuti alimentari e dove si formano le feci prima di essere eliminate. Il colon può anche essere sede di problemi come la stitichezza o la diarrea.

Il retto e l'ano, le ultime parti del sistema digestivo dove le feci vengono conservate ed eliminate.

La fisiologia del sistema digestivo coinvolge una complessa coordinazione tra diversi organi per garantire una digestione efficiente e completa del cibo. Anche il sistema nervoso e gli ormoni svolgono un ruolo importante nella regolazione della digestione.

Processi fisiologici

Nutrizion

La nutrizione è un argomento complesso e importante che merita la nostra attenzione. È uno dei processi biologici più fondamentali per la nostra sopravvivenza e il nostro benessere. Per comprendere meglio questo argomento, esploreremo i processi di digestione, assorbimento, metabolismo ed equilibrio idrico.

La digestione degli alimenti è una fase cruciale della nutrizione. Inizia nella nostra bocca, dove gli alimenti vengono masticati e mescolati con la saliva. È un processo affascinante che utilizza enzimi digestivi per scomporre gli alimenti in piccole particelle.

La saliva contiene un enzima chiamato amilasi che decompone i carboidrati. Quando mangiamo alimenti ricchi di carboidrati come patate, pane o riso, la digestione inizia appena iniziamo a masticarli.

Una volta che gli alimenti sono digeriti, i nutrienti sono pronti per essere assorbiti. L'assorbimento dei nutrienti avviene principalmente nell'intestino tenue, dove i nutrienti vengono trasportati attraverso le pareti dell'intestino e passano nel sangue.

L'intestino tenue è un organo molto lungo, che misura in media 6 metri di lunghezza negli adulti. Ciò significa che c'è molta superficie per l'assorbimento dei nutrienti.

Il metabolismo è il processo attraverso il quale il nostro
corpo utilizza i nutrienti per produrre energia e svolgere
altre funzioni fisiologiche. Le proteine sono utilizzate per la
costruzione e la riparazione dei tessuti, i carboidrati sono
utilizzati per fornire energia immediata, mentre i grassi sono
utilizzati per fornire energia a lungo termine.

Il metabolismo varia da persona a persona. Alcune persone
hanno un metabolismo più veloce, il che significa che
bruciano le calorie più rapidamente e hanno più difficoltà a
prendere peso, mentre altre hanno un metabolismo più lento
e tendono a prendere peso più facilmente.

Infine, l'equilibrio idrico è un aspetto importante della
nutrizione. Il nostro corpo ha bisogno di una quantità
sufficiente di acqua per mantenere l'idratazione delle cellule
e degli organi. Alimenti ricchi di acqua, come cetrioli, angurie
e meloni, possono aiutare a mantenere l'equilibrio idrico del
nostro corpo.

L'acqua è un elemento essenziale per la nostra
sopravvivenza, ma può anche essere pericolosa in caso di
eccesso. È infatti possibile bere troppa acqua, cosa che può
provocare intossicazione da acqua.

In conclusione, la nutrizione è un argomento affascinante
e complesso che è essenziale per il nostro benessere. La
digestione, l'assorbimento, il metabolismo e l'equilibrio idrico
sono tutti processi chiave coinvolti nella nutrizione.

Le scelte che facciamo riguardo all'alimentazione possono

avere un impatto significativo sulla nostra salute e sulla qualità della vita. Incorporando alimenti ricchi di nutrienti nella nostra dieta, possiamo fornire al nostro corpo gli elementi di cui ha bisogno per funzionare al meglio delle sue capacità.

La respirazione

La respirazione è un processo essenziale per la nostra sopravvivenza, che consente al nostro corpo di mantenere un equilibrio tra i livelli di ossigeno (O_2) e di anidride carbonica (CO_2) nel nostro sangue.

Questo processo inizia con la ventilazione, che consiste nell'inspirare aria ricca di O_2 ed espirare aria ricca di CO_2. Quando inspiriamo, l'aria entra nel nostro naso o nella nostra bocca e scende nella trachea, dove si divide in due bronchi che conducono ai nostri polmoni. I bronchi si dividono poi in bronchioli più piccoli che si estendono fino agli alveoli.

Gli alveoli sono strutture polmonari essenziali dove avviene lo scambio di gas tra il nostro corpo e l'aria che respiriamo. Quando l'aria raggiunge gli alveoli, l'ossigeno contenuto al loro interno diffonde attraverso le pareti degli alveoli e dei vasi sanguigni adiacenti e si lega all'emoglobina nel nostro sangue, permettendo così il trasporto dell'O_2 in tutto il nostro corpo. Allo stesso modo, l'anidride carbonica nel nostro sangue diffonde negli alveoli ed è espirata quando soffiamo.

Il processo di respirazione è regolato dal sistema nervoso autonomo, che regola la frequenza e la profondità della

nostra respirazione in base alle nostre esigenze di O2 e
CO2. Diversi fattori influenzano la respirazione, tra cui la
concentrazione di CO2 nel sangue, il livello di attività fisica, lo
stress e l'ansia, nonché la presenza di malattie respiratorie.

Hai mai notato quanto la nostra respirazione può variare in
base alle nostre emozioni e al nostro stato mentale?

Ad esempio, quando siamo stressati o ansiosi, la nostra
respirazione tende a diventare rapida e superficiale, il che
può peggiorare il nostro stato emotivo. Al contrario, quando
siamo calmi e rilassati, la nostra respirazione diventa più
lenta e profonda, il che può aiutarci a sentirci più pacificati.

Una tecnica di respirazione popolare per gestire lo stress
e l'ansia è la respirazione addominale, nota anche come
respirazione diaframmatica. Questa tecnica consiste
nel prendere respiri lenti e profondi, concentrandosi sul
movimento del nostro diaframma, un muscolo importante per
la respirazione situato sotto i nostri polmoni.

È importante prendersi cura del nostro sistema respiratorio
adottando uno stile di vita sano e evitando fattori ambientali
che possono causare danni, come il fumo di sigaretta,
l'inquinamento atmosferico e gli allergeni. Gli esercizi di
respirazione possono anche aiutare a migliorare la salute del
nostro sistema respiratorio rafforzando i muscoli respiratori e
aumentando la capacità polmonare.

In conclusione, la respirazione è un processo vitale che
consente al nostro corpo di mantenere un equilibrio

gassoso essenziale per la nostra sopravvivenza. Pertanto, è importante prendersi cura del nostro sistema respiratorio per garantire una buona salute a lungo termine.

Circolazione: funzionamento del cuore, regolazione della pressione sanguigna, distribuzione dei nutrienti e dell'ossigeno

La circolazione è un sistema essenziale nel corpo umano che assicura il trasporto dei nutrienti e dell'ossigeno necessari per il corretto funzionamento delle cellule e degli organi. Questo sistema è composto dal cuore, dai vasi sanguigni e dal sangue, che circolano in tutto il corpo.

Il cuore è il motore del sistema circolatorio. È composto da quattro cavità, due atrii e due ventricoli, e pompa il sangue attraverso i vasi sanguigni. Gli atrii ricevono il sangue povero di ossigeno proveniente dalle vene, mentre i ventricoli spingono il sangue ossigenato verso le arterie, che lo distribuiscono agli organi e ai tessuti del corpo.

La frequenza cardiaca e la forza di contrazione del muscolo cardiaco sono regolate dal sistema nervoso autonomo, che è composto da due rami: il sistema nervoso simpatico, che aumenta la frequenza cardiaca e la forza di contrazione, e il sistema nervoso parasimpatico, che diminuisce la frequenza cardiaca e la forza di contrazione.

La pressione sanguigna è una misura della forza esercitata dal sangue sulle pareti dei vasi sanguigni. Dipende da diversi fattori, come il flusso sanguigno, la resistenza vascolare e il volume del sangue. La pressione sanguigna è regolata dal sistema nervoso e da diverse sostanze chimiche, come l'adrenalina e l'angiotensina II. Una pressione sanguigna elevata può danneggiare i vasi sanguigni e aumentare il rischio di malattie cardiovascolari.

Il sangue è un tessuto liquido composto da plasma, globuli rossi, globuli bianchi e piastrine. Il plasma è la parte liquida del sangue e contiene proteine, nutrienti, ormoni e scarti metabolici. I globuli rossi trasportano l'ossigeno dai polmoni ai tessuti del corpo, mentre i globuli bianchi sono cellule del sistema immunitario che combattono le infezioni. Le piastrine sono cellule che contribuiscono alla coagulazione del sangue.

La distribuzione dei nutrienti e dell'ossigeno nel corpo è garantita dal sangue. Il sangue trasporta i nutrienti derivanti dall'alimentazione ai tessuti del corpo, dove vengono utilizzati per produrre energia e per garantire il funzionamento degli organi. Il sangue trasporta anche l'ossigeno dai polmoni ai tessuti del corpo, dove viene utilizzato per produrre energia. Il controllo della pressione sanguigna assicura una distribuzione efficiente di ossigeno e nutrienti in tutto il corpo.

In conclusione, la circolazione sanguigna è un sistema complesso e vitale nel corpo umano. Assicura il trasporto dei nutrienti e dell'ossigeno necessari per il corretto funzionamento delle cellule e degli organi. Una comprensione approfondita della circolazione sanguigna è importante per la prevenzione e il trattamento di molte malattie cardiovascolari.

Eliminazione

I reni sono organi incredibilmente importanti per la nostra salute e il nostro benessere, poiché filtrano il nostro sangue, eliminano i rifiuti dal nostro corpo, regolano l'equilibrio acido-base e mantengono i fluidi corporei. Infatti, i reni sono una parte chiave del sistema urinario, che include anche gli ureteri, la vescica e l'uretra.

I reni sono due organi gemelli situati nella parte superiore dell'addome, ai lati della colonna vertebrale. Hanno una forma di fagiolo e misurano circa 11 cm di lunghezza, 6 cm di larghezza e 3 cm di spessore. Sono protetti da uno strato di grasso che li aiuta a rimanere al loro posto nel corpo.

I reni sono formati da milioni di nefroni, che sono le unità funzionali dei reni. I nefroni filtrano il sangue e producono l'urina eliminando rifiuti come urea, creatinina e acido urico. L'urina viene poi raccolta nei tubuli renali e trasportata nella vescica per essere eliminata dal corpo.

Oltre a filtrare i rifiuti dal sangue, i reni regolano anche l'equilibrio acido-base nel nostro corpo. Sono capaci di eliminare eccesso di acidi o basi nel sangue, produrre ammoniaca per tamponare gli acidi e regolare il pH del sangue. Questo è importante perché un disordine acido-base può avere gravi conseguenze sulla nostra salute.

Infine, i reni sono anche coinvolti nella regolazione dei fluidi corporei. Mantengono l'equilibrio idrico regolando la quantità di acqua filtrata e riassorbendo l'acqua nel corpo se necessario. Ormoni come l'aldosterone e l'ADH (ormone antidiuretico) regolano anche la quantità di acqua ed elettroliti nel corpo.

Sfortunatamente, i reni possono essere soggetti a diverse condizioni come l'insufficienza renale, i calcoli renali, le infezioni renali e le malattie renali croniche. Per mantenere la salute dei nostri reni, è importante bere a sufficienza, limitare il consumo di sale, evitare cibi trasformati e bevande zuccherate, fare regolarmente esercizio fisico e smettere di fumare.

In conclusione, i reni sono organi essenziali per la nostra salute e il nostro benessere. Filtrano il nostro sangue, eliminano i rifiuti dal nostro corpo, regolano l'equilibrio acido-base e mantengono i fluidi corporei. È importante prendersi cura dei nostri reni seguendo uno stile di vita sano e consultando un professionista della salute se si riscontrano problemi renali.

Riproduzione: sistema riproduttivo maschile e femminile, ciclo mestruale, fertilizzazione, gravidanza, parto

La riproduzione umana è un processo incredibilmente complesso e affascinante. Coinvolge una combinazione di fattori biologici e fisiologici per creare un essere umano. In questa sezione, esploreremo maggiormente il sistema riproduttivo maschile e femminile, il ciclo mestruale, la fertilizzazione, la gravidanza e il parto.

Il sistema riproduttivo maschile è composto dai testicoli, dalle vie genitali, dalla prostata e dalle ghiandole accessorie.

I testicoli sono le ghiandole riproduttive maschili che producono spermatozoi e testosterone. Le vie genitali trasportano gli spermatozoi fino all'uretra, che è il condotto attraverso il quale lo sperma viene eiaculato durante l'orgasmo. La prostata e le ghiandole accessorie producono anche liquidi che si mescolano agli spermatozoi per formare lo sperma.

Il sistema riproduttivo femminile è composto dalle ovaie, dalle tube di Falloppio, dall'utero, dal collo dell'utero e dalla vagina. Le ovaie sono le ghiandole riproduttive femminili che producono ovuli e ormoni. Le tube di Falloppio sono canali che trasportano gli ovuli dall'ovaio all'utero. L'utero è un organo muscolare cavo dove l'embrione si sviluppa in un feto. Il collo dell'utero è la parte inferiore dell'utero che si apre nella vagina. La vagina è il canale del parto attraverso il quale il bambino uscirà durante il parto.

Il ciclo mestruale è un processo mensile che prepara il corpo di una donna per la gravidanza. Inizia il primo giorno delle mestruazioni e dura in media 28 giorni. Durante il ciclo mestruale, le ovaie rilasciano un ovulo che si sposta nelle tube di Falloppio per essere fecondato. Se l'ovulo non viene fecondato, si disintegra e il ciclo mestruale ricomincia. Le mestruazioni sono causate dal calo degli ormoni estrogeni e progesterone, che vengono prodotti dalle ovaie per preparare l'utero alla gravidanza.

La fertilizzazione avviene quando lo sperma incontra l'ovulo nelle tube di Falloppio. Quando lo sperma penetra nell'ovulo, la fusione delle due cellule forma uno zigote. Lo zigote si divide quindi in più cellule man mano che scende nell'utero, dove si sviluppa in un embrione e infine in un feto.

La gravidanza dura in media 40 settimane ed è divisa in tre trimestri. Durante la gravidanza, il feto si sviluppa in un essere umano completo e il corpo della donna subisce molti cambiamenti per supportare la crescita del feto. Si forma la placenta per fornire al feto i nutrienti e l'ossigeno di cui ha bisogno, mentre gli ormoni materni regolano lo sviluppo e la crescita del feto. Il corpo della donna subisce anche cambiamenti fisici come l'aumento di peso, l'espansione dell'utero e del seno, oltre a cambiamenti ormonali che influenzano il suo umore e il suo benessere generale.

Il parto avviene quando il feto è sufficientemente sviluppato da nascere. Le contrazioni uterine spingono il feto attraverso il collo dell'utero e la vagina, dove infine viene espulso dal corpo della madre. Il parto può durare diverse ore ed è un'esperienza impegnativa per la donna. Dopo il parto, il corpo della donna attraversa un periodo di recupero chiamato post partum, che può durare da diverse settimane a diversi mesi. Durante questo periodo, la donna può sperimentare dolori, stanchezza e sanguinamento, oltre a cambiamenti ormonali che possono influenzare il suo umore e la sua salute mentale.

In conclusione, la riproduzione umana è un processo complesso che coinvolge molti sistemi e processi fisiologici. La comprensione della biologia della riproduzione è essenziale. Come società, dovremmo impegnarci a fornire informazioni accurate e affidabili sulla riproduzione umana, al fine di consentire a ciascuno di prendere decisioni informate sulla propria salute e sul proprio benessere riproduttivo.

Genetica ed evoluzione umana

La struttura del DNA e dell'RNA

Il DNA e l'RNA sono molecole essenziali per la vita. Il DNA, o acido desossiribonucleico, è la molecola che contiene le istruzioni genetiche che regolano lo sviluppo, la crescita e la riproduzione di tutti gli organismi viventi. L'RNA, o acido ribonucleico, è una molecola che partecipa alla sintesi delle proteine, che sono i principali costituenti delle cellule.

Il DNA e l'RNA sono composti da quattro basi azotate diverse: A, T, C e G per il DNA, e A, U, C e G per l'RNA. La sequenza di queste basi determina l'informazione genetica codificata nel DNA, che viene trasmessa di generazione in generazione.

Sono molecole affascinanti che hanno catturato l'attenzione degli scienziati per decenni. La scoperta della struttura del DNA è stata una svolta fondamentale nella biologia e ha permesso di comprendere i meccanismi dell'ereditarietà e della trasmissione dei caratteri.

La struttura del DNA è una doppia elica, simile a una scala avvolta su se stessa. I due filamenti della doppia elica sono complementari, il che significa che le basi azotate si accoppiano: l'adenina (A) si accoppia alla timina (T) e la guanina (G) si accoppia alla citosina (C). Questa struttura consente una fedele replicazione del DNA durante la divisione cellulare.

Per molto tempo, gli scienziati hanno cercato di capire come

l'informazione genetica fosse memorizzata e trasmessa.
Rosalind Franklin, una ricercatrice britannica, ha fornito la
prima prova sperimentale della struttura del DNA. Grazie
al suo lavoro di cristallografia a raggi X, è stata in grado di
determinare che il DNA era una doppia elica. Purtroppo, il
suo contributo non è stato riconosciuto all'epoca e solo molti
anni dopo gli scienziati James Watson e Francis Crick hanno
dedotto la struttura completa del DNA basandosi sui dati di
Franklin.

La storia del DNA non si ferma qui. Nel 1984, un ricercatore
americano di nome Alec Jeffreys ha scoperto una tecnica
chiamata impronta genetica, che consiste nell'identificazione
di individui attraverso il loro DNA. Questa tecnica ha
rivoluzionato le indagini penali, consentendo di identificare
sospetti attraverso tracce di sangue, saliva o capelli trovati
sulla scena del crimine.

L'RNA, d'altra parte, è una molecola a singolo filamento.
Viene prodotto a partire dal DNA, in un processo chiamato
trascrizione, che comporta la copia delle informazioni
genetiche dal DNA a un messaggero dell'RNA (mRNA).
L'mRNA viene quindi utilizzato come modello per la sintesi
delle proteine, in un processo chiamato traduzione, che
avviene nei ribosomi.

Gli scienziati hanno scoperto che alcuni RNA hanno funzioni
diverse dalla sintesi proteica. Studi recenti hanno mostrato
che alcuni RNA hanno funzioni regolative all'interno della
cellula. Ad esempio, l'RNA interferente (RNAi) è in grado
di bloccare la traduzione di un mRNA specifico, legandosi
ad esso in modo complementare. Questa scoperta ha

portato allo sviluppo di nuove terapie basate sull'RNAi, che potrebbero essere utilizzate per trattare malattie genetiche.

La comprensione della struttura del DNA e dell'RNA ha portato a numerosi progressi nella biologia, in particolare nel campo della genetica. La scoperta del DNA ha permesso di comprendere i meccanismi dell'ereditarietà e della trasmissione dei caratteri. Gli avanzamenti tecnologici recenti, come il sequenziamento del DNA, permettono oggi di comprendere meglio le malattie genetiche e sviluppare nuove terapie.

Un esempio dell'importanza del DNA e dell'RNA nella comprensione delle malattie è il caso della malattia di Huntington. Questa malattia genetica è causata da una mutazione in un gene specifico che codifica per una proteina chiamata huntingtina. La mutazione provoca la produzione di una forma anomala di huntingtina, che si accumula nelle cellule del cervello e ne causa la morte progressiva. La comprensione della struttura del DNA e dell'RNA ha permesso lo sviluppo di strumenti diagnostici per la malattia di Huntington e di approcci terapeutici per cercare di rallentarne la progressione.

In sintesi, la struttura del DNA e dell'RNA è essenziale per la comprensione dei meccanismi della vita. La scoperta di queste molecole ha portato a numerosi progressi nella biologia e continua a suscitare l'interesse degli scienziati di tutto il mondo.

Le basi dell'ereditarietà e della trasmissione dei caratteri

La trasmissione dei caratteri da una generazione all'altra è un processo complesso regolato dalla genetica. Il DNA, presente nel nucleo di ogni cellula, è la molecola che contiene le informazioni genetiche di ogni individuo. Queste informazioni sono organizzate in unità chiamate geni, che determinano le caratteristiche ereditarie come il colore degli occhi, la statura, la forma del viso, ecc.

I geni vengono trasmessi di generazione in generazione secondo precise regole chiamate leggi di Mendel. Queste leggi spiegano come vengono trasmesse le caratteristiche ereditarie dai genitori alla loro discendenza. Ad esempio, se un bambino ha gli occhi azzurri e i suoi genitori hanno gli occhi marroni, significa che il bambino ha ereditato un gene per gli occhi azzurri da uno dei suoi genitori.

Esistono due tipi di geni: geni dominanti e geni recessivi. I geni dominanti mascherano l'espressione dei geni recessivi. Pertanto, affinché un tratto recessivo si manifesti, entrambe le copie del gene devono essere recessive. Ciò significa che se uno dei genitori porta un gene dominante per un tratto e l'altro genitore porta un gene recessivo per lo stesso tratto, la probabilità che il bambino erediti il tratto recessivo è del 50%.

Prendiamo ad esempio il colore degli occhi. Gli occhi marroni sono una caratteristica dominante, mentre gli occhi azzurri sono recessivi. Questo significa che se un genitore ha gli occhi marroni (quindi è sia omozigote dominante che eterozigote), è possibile che abbia un gene per gli occhi azzurri (omozigote recessivo) senza che ciò si manifesti fisicamente. Se l'altro genitore ha gli occhi azzurri (quindi omozigote recessivo), allora il bambino ha una possibilità su due di ereditare il gene per gli occhi azzurri da questo genitore, dando così un bambino con gli occhi azzurri.

Tuttavia, la trasmissione delle caratteristiche ereditarie non è sempre così semplice come il colore degli occhi. A volte si verificano mutazioni genetiche, che possono portare a cambiamenti nelle caratteristiche ereditarie. Le mutazioni possono essere benefiche, neutre o dannose per l'organismo.

Le mutazioni possono anche verificarsi a livello cromosomico. Ad esempio, una persona può avere un'aneuploidia cromosomica come la trisomia del cromosoma 21, che è responsabile della sindrome di Down. In questo caso, la persona ha tre copie del cromosoma 21 anziché due.

La genetica ha anche permesso di comprendere la diversità della popolazione umana. Le variazioni genetiche possono essere responsabili delle differenze di colore della pelle, dei capelli, degli occhi, ecc. Tuttavia, è importante notare che le differenze genetiche non corrispondono a differenze di valore o competenza tra gli individui.

Infine, è importante sottolineare che la genetica non determina completamente il destino di un individuo. L'ambiente e lo stile di vita giocano anche un ruolo importante nell'espressione delle caratteristiche ereditarie. Ad esempio, se un bambino eredita un gene per l'altezza, ciò non significa automaticamente che raggiungerà l'altezza dei suoi genitori.

In sintesi, la trasmissione delle caratteristiche ereditarie
è un argomento complesso. È importante capire che le
caratteristiche ereditarie sono solo uno dei fattori che
determinano il destino di un individuo.

Le mutazioni genetiche e le loro conseguenze

In questa sezione, esploreremo il tema delle mutazioni
genetiche e le loro conseguenze sull'essere umano. Le
mutazioni genetiche si verificano quando c'è un cambiamento
nella sequenza di DNA di un individuo. Questi cambiamenti
possono verificarsi spontaneamente o essere causati
dall'esposizione a fattori ambientali come radiazioni, prodotti
chimici o virus.

Le mutazioni possono essere benefiche, neutre o dannose
per l'individuo. Le mutazioni benefiche possono conferire
vantaggi evolutivi come una maggiore resistenza alle malattie
o una migliore capacità di adattamento a un ambiente in
cambiamento. Le mutazioni neutre non hanno alcun effetto
sull'individuo. Le mutazioni dannose possono causare
malattie o altri problemi di salute.

Prendiamo ad esempio la malattia di Tay-Sachs, una rara
malattia genetica più comune tra le persone di origine
ebraica ashkenazita. Questa malattia è causata da una
mutazione nel gene HEXA, che è responsabile della
produzione di un enzima chiamato esosaminidasi A. Questo
enzima aiuta a scomporre una sostanza grassa chiamata

ganglioside GM2 nelle cellule nervose del cervello. Nei soggetti affetti dalla malattia di Tay-Sachs, quest'enzima non funziona correttamente, il che porta all'accumulo di ganglioside GM2 nelle cellule nervose. Questo alla fine provoca danni cerebrali e la morte prematura del bambino.

Le mutazioni benefiche possono essere osservate anche nella popolazione umana. Ad esempio, la mutazione CCR5-delta 32, presente nel circa 10% della popolazione europea, offre una protezione contro il virus dell'HIV impedendo al virus di entrare nelle cellule del sistema immunitario. Tuttavia, questa mutazione è rara in altre parti del mondo.

Le mutazioni genetiche possono anche svolgere un ruolo nell'evoluzione delle specie. Ad esempio, la mutazione nel gene FOXP2 è stata associata all'acquisizione del linguaggio negli esseri umani. Questa mutazione è unica negli esseri umani e non è stata trovata in altri animali. È possibile che questa mutazione abbia svolto un ruolo nell'evoluzione dell'intelligenza umana.

Alcune mutazioni genetiche sono responsabili di malattie genetiche ereditarie, che si trasmettono di generazione in generazione. Queste malattie includono la fibrosi cistica, la drepanocitosi e la malattia di Huntington. Altre mutazioni possono causare malattie sporadiche che non sono ereditarie, come alcuni tipi di cancro.

Le mutazioni genetiche possono influenzare la struttura o la funzione delle proteine, che sono i «lavoratori» chiave della cellula. Le proteine possono essere alterate in vari modi, ad esempio cambiando la loro forma, stabilità, attività o interazione con altre proteine. Queste alterazioni possono avere conseguenze per la cellula, l'organo o l'intero organismo.

Le mutazioni genetiche possono anche influenzare l'espressione dei geni, cioè come le istruzioni genetiche vengono lette ed eseguite nella cellula. Le mutazioni possono modificare la quantità, la qualità o la durata dell'espressione genica, il che può avere effetti significativi sullo sviluppo, la crescita o la funzione dell'organismo.

Le tecnologie di sequenziamento del DNA hanno permesso di comprendere meglio le mutazioni genetiche e il loro ruolo nelle malattie umane. I test genetici possono aiutare a diagnosticare le malattie genetiche, a prevedere i rischi di malattia e a guidare i trattamenti. Ad esempio, i test di screening prenatale possono aiutare i genitori a determinare se il loro bambino è a rischio di sviluppare malattie genetiche prima della sua nascita. Pertanto, è evidente che i test genetici sollevano anche questioni etiche e sociali come la privacy, la discriminazione o la stigmatizzazione.

In conclusione, le mutazioni genetiche sono eventi comuni nella vita di ogni individuo, ma possono avere conseguenze diverse e complesse per la salute umana. È importante comprendere i meccanismi delle mutazioni genetiche, il loro impatto sulla salute e il loro ruolo nell'evoluzione. Ricerche future sulle mutazioni genetiche dovrebbero concentrarsi sulla prevenzione e il trattamento delle malattie genetiche, oltre alle implicazioni etiche e sociali dell'uso delle informazioni genetiche.

L'evoluzione umana

L'evoluzione umana è un argomento affascinante che suscita molto interesse e curiosità nelle persone. Nel corso degli anni, sono stati scoperti molti fossili che ci hanno permesso di comprendere meglio la storia della nostra specie. Inoltre, i progressi in campo genetico hanno anche permesso di comprendere meglio come gli esseri umani siano evoluti nel corso del tempo.

La storia dell'evoluzione umana risale a oltre 6 milioni di anni fa, quando i primi ominidi hanno iniziato a svilupparsi in Africa. Da allora, la nostra specie ha vissuto un'evoluzione notevole, passando da semplici primati a esseri umani dotati di capacità cognitive avanzate.

I fossili sono strumenti preziosi per comprendere l'evoluzione umana, poiché ci offrono un'idea dell'aspetto fisico dei nostri antenati e dei loro modi di vita. Ad esempio, il fossile Lucy, scoperto in Etiopia nel 1974, ha rivelato che gli ominidi bipedi esistevano circa 3,2 milioni di anni fa. Altri fossili hanno mostrato che gli esseri umani hanno iniziato a utilizzare gli strumenti circa 2,6 milioni di anni fa.

Tuttavia, i fossili sono solo una parte della storia dell'evoluzione umana. La genetica svolge un ruolo importante anche nella nostra comprensione dell'evoluzione umana. I progressi nel sequenziamento del DNA hanno permesso di comprendere meglio come gli esseri umani si siano evoluti nel corso del tempo. Ad esempio, gli studi genetici hanno dimostrato che gli esseri umani moderni condividono circa il 99,9% del loro DNA con gli altri esseri umani, ma hanno anche differenze genetiche che li distinguono.

La diversità umana è un altro aspetto importante dell'evoluzione umana. Gli esseri umani si sono evoluti in ambienti diversi, il che ha portato a differenze fisiche e culturali tra le popolazioni. Ad esempio, le popolazioni che vivono in regioni fredde si sono evolute per avere caratteristiche fisiche diverse da quelle che vivono in regioni calde.

La storia dell'evoluzione umana è ricca di esempi affascinanti. Ad esempio, la scoperta dell'Homo naledi in Sudafrica nel 2013 è stata una scoperta significativa. Questa nuova specie umana, scoperta in una grotta di difficile accesso, ha caratteristiche morfologiche uniche, come mani simili a quelle degli esseri umani moderni e gambe più simili a quelle degli ominidi più antichi.

Inoltre, la scoperta dell'Homo floresiensis sull'isola di Flores in Indonesia ha dimostrato che la storia dell'evoluzione umana è più complessa di quanto si pensasse, con specie umane più piccole e adattate al loro ambiente.

In conclusione, l'evoluzione umana è un argomento affascinante che ci permette di comprendere meglio la nostra storia. I fossili e la genetica sono strumenti importanti per comprendere come gli esseri umani si siano evoluti nel corso del tempo. La diversità umana è anche un aspetto importante dell'evoluzione umana, poiché mostra come gli esseri umani si siano evoluti per adattarsi al proprio ambiente. Continuando a studiare l'evoluzione umana, possiamo comprendere meglio il nostro passato e il nostro futuro come specie.

Malattie e trattamenti

Le cause delle malattie

L'origine delle malattie è un argomento complesso
e multifattoriale. I fattori ambientali, genetici e
comportamentali sono tutti coinvolti nell'origine e nella
progressione delle malattie. Per comprendere come questi
diversi fattori contribuiscono alle malattie, è importante
esaminarli nel dettaglio.

I fattori ambientali possono causare malattie in modi diversi.
Ad esempio, l'esposizione a sostanze chimiche tossiche
come metalli pesanti, pesticidi e solventi può causare danni
cellulari che possono portare a un cancro. Allo stesso modo,
l'esposizione all'inquinamento dell'aria può causare malattie
respiratorie come l'asma, la bronchite cronica e l'enfisema.
L'esposizione a patogeni come batteri, virus e parassiti può
anche causare malattie infettive come l'influenza, la malaria
e la febbre tifoide.

Anche i fattori genetici possono svolgere un ruolo importante
nell'origine delle malattie. Alcune malattie, come la malattia
di Huntington, la distrofia muscolare di Duchenne e la fibrosi
cistica, sono causate da specifiche mutazioni genetiche. Altre
malattie, come il cancro al seno e alle ovaie, possono essere
causate da mutazioni genetiche che aumentano il rischio
di sviluppare la malattia. Gli scienziati hanno identificato
migliaia di geni che possono contribuire alla suscettibilità alle
malattie.

Anche i comportamenti individuali possono influenzare
la salute. Le abitudini alimentari malsane, il consumo di
alcol, il fumo e la mancanza di esercizio fisico possono tutti
contribuire a malattie croniche come il diabete, le malattie
cardiovascolari e l'obesità. Comportamenti a rischio come
guidare in stato di ebbrezza, rapporti sessuali non protetti e
uso di droghe illecite possono anche aumentare il rischio di
contrarre malattie.

È importante capire che questi fattori non agiscono in modo
isolato. I fattori ambientali possono interagire con i fattori
genetici per causare malattie. Ad esempio, l'esposizione
all'amianto può aumentare il rischio di sviluppare il cancro
ai polmoni nelle persone predisposte geneticamente. Allo
stesso modo, i comportamenti individuali come il consumo di
alcol e il fumo possono aggravare i danni causati dai fattori
ambientali e aumentare il rischio di malattie.

In conclusione, le malattie hanno cause multiple e
complesse che coinvolgono fattori ambientali, genetici e
comportamentali. Comprendendo questi fattori e le loro
interazioni, è possibile prevenire o trattare molte malattie. Ad
esempio, un approccio integrato che tiene conto dei fattori
ambientali, genetici e comportamentali può contribuire
a ridurre il rischio di malattie croniche come il diabete, le
malattie cardiovascolari e l'obesità.

Malattie infettive

Le malattie infettive sono un problema di salute globale che
colpisce milioni di persone ogni anno. I virus, i batteri, i funghi

e i parassiti sono i principali agenti patogeni responsabili della trasmissione delle malattie infettive. Alcune di queste malattie sono trasmesse da insetti come le zanzare, altre da alimenti contaminati o superfici infette.

I virus sono microrganismi che hanno bisogno di cellule ospiti per riprodursi. Possono causare malattie come il raffreddore, il morbillo, la varicella, l'epatite e l'AIDS. I virus possono essere trasmessi attraverso goccioline nell'aria, superfici contaminate, fluidi corporei e punture di insetti.

Un esempio comune di malattia virale è l'influenza. Ogni anno milioni di persone vengono colpite da questa malattia. L'influenza è altamente contagiosa e può diffondersi rapidamente, specialmente nelle aree densamente popolate come scuole e luoghi di lavoro. I sintomi dell'influenza includono febbre, brividi, dolori muscolari, mal di testa e stanchezza estrema. Per prevenire l'influenza, è consigliabile vaccinarsi ogni anno, lavarsi regolarmente le mani e evitare il contatto con persone malate.

I batteri sono microrganismi unicellulari che possono vivere in vari ambienti e condizioni. Alcuni batteri sono benefici per il corpo, ma altri possono causare malattie come la tubercolosi, la meningite, la gonorrea e la salmonellosi. I batteri possono essere trasmessi attraverso alimenti contaminati, superfici infette e punture di insetti.

Un'altra malattia batterica comune è la polmonite. La polmonite può essere causata da vari tipi di batteri ed essere molto grave, specialmente negli anziani e nei bambini piccoli. I sintomi della polmonite includono febbre, tosse, difficoltà respiratorie e dolore toracico. La polmonite può essere trattata con antibiotici, ma può anche essere prevenuta vaccinandosi contro l'influenza e evitando il fumo.

I funghi possono causare malattie fungine come infezioni cutanee, infezioni fungine sistemiche e infezioni delle vie respiratorie. I funghi possono diffondersi attraverso il contatto diretto con la pelle, l'inalazione di spore fungine e il consumo di cibi contaminati.

Un'infezione fungina comune è l'onicomicosi, causata da un fungo che si sviluppa nelle unghie dei piedi. I sintomi dell'onicomicosi includono prurito, bruciore, arrossamento e screpolature della pelle. L'onicomicosi può essere evitata indossando scarpe ben aderenti, mantenendo i piedi puliti e asciutti ed evitando di camminare a piedi nudi in luoghi pubblici.

I parassiti sono organismi che vivono a spese di un altro organismo, chiamato ospite. I parassiti possono causare malattie come la febbre dengue, la schistosomiasi, la tripanosomiasi e la malattia di Chagas. I parassiti possono essere trasmessi attraverso punture di insetti, animali o alimenti contaminati.

I parassiti possono causare gravi malattie infettive. La malaria è una delle malattie più letali causate dai parassiti. La malattia viene trasmessa dalle punture di zanzara infette e provoca febbre, brividi e mal di testa. La malaria può essere evitata utilizzando repellenti per insetti, indossando abbigliamento a maniche lunghe e dormendo sotto una zanzariera impregnata di insetticida.

Per prevenire le malattie infettive, è importante lavarsi regolarmente le mani, coprire bocca e naso quando si tossisce o starnutisce, vaccinarsi, cucinare e conservare correttamente gli alimenti, utilizzare preservativi durante i rapporti sessuali e evitare il contatto con persone malate.

Il trattamento delle malattie infettive dipende dal tipo di patogeno. Gli antibiotici sono comunemente utilizzati per trattare le infezioni batteriche, mentre gli antivirali vengono utilizzati per trattare le infezioni virali. Gli antifungini e gli antiparassitari vengono utilizzati per trattare le infezioni fungine e parassitarie, rispettivamente.

In conclusione, le malattie infettive sono causate da patogeni come virus, batteri, funghi e parassiti. La prevenzione delle malattie infettive è importante per mantenere la salute, e il trattamento dipende dal tipo di patogeno coinvolto.

Malattie non infettive

Le malattie non infettive, anche conosciute come malattie croniche, sono disturbi che si sviluppano lentamente e possono durare a lungo, se non per tutta la vita. Le malattie non infettive sono spesso associate a fattori di rischio legati al nostro stile di vita, come il fumo, la sedentarietà, una dieta malsana e l'abuso di alcol. In questa sezione, esamineremo alcune delle malattie non infettive più comuni: il cancro, le malattie cardiovascolari e le malattie neurologiche.

Il cancro è una malattia caratterizzata dalla proliferazione incontrollata di cellule anomale nel corpo. Il cancro può colpire praticamente tutti gli organi e i tessuti del corpo e può diffondersi ad altre parti del corpo. Le cause del cancro sono molteplici e possono essere legate a fattori genetici o ambientali. Il fumo, l'esposizione a radiazioni ionizzanti, l'alcolismo, l'obesità e una dieta ricca di grassi e carne rossa sono solo alcuni dei fattori di rischio che possono aumentare la probabilità di sviluppare il cancro.

Le malattie cardiovascolari sono disturbi che colpiscono il cuore e i vasi sanguigni. Comprendono condizioni come le malattie coronariche, l'insufficienza cardiaca, l'ictus, l'ipertensione arteriosa, le aritmie cardiache, ecc. Le malattie cardiovascolari sono spesso causate dall'accumulo di placche di colesterolo nelle arterie, che limita il flusso sanguigno verso il cuore e il cervello. I fattori di rischio delle malattie cardiovascolari sono simili a quelli del cancro, come il fumo, il consumo eccessivo di alcol, l'obesità e l'ipertensione arteriosa.

Uno studio condotto dall'American Heart Association ha dimostrato che le persone che praticano regolarmente attività fisica hanno un rischio ridotto del 30% di sviluppare una malattia cardiovascolare rispetto a coloro che conducono una vita sedentaria.

Le malattie neurologiche sono disturbi che coinvolgono il sistema nervoso centrale e/o periferico, inclusi il cervello, il midollo spinale e i nervi periferici. Include malattie come l'Alzheimer, il morbo di Parkinson, la sclerosi multipla, la neuropatia diabetica, ecc. Le cause delle malattie neurologiche sono complesse e possono essere legate a fattori genetici o ambientali come traumi cranici, esposizione a sostanze tossiche ambientali, invecchiamento, ecc.

Anche la diagnosi precoce delle malattie non infettive è cruciale per il loro trattamento e gestione efficaci. Prendiamo ad esempio il cancro al seno, che è uno dei tumori più comuni nelle donne. Programmi di screening regolari, come la mammografia, possono rilevare la malattia in una fase precoce, quando le possibilità di guarigione sono più alte.

È importante notare che le malattie non infettive possono anche essere prevenute o ritardate attraverso cambiamenti dello stile di vita salutari. Abitudini come l'esercizio fisico regolare, un'alimentazione equilibrata, smettere di fumare e limitare l'uso di alcol, possono contribuire a ridurre il rischio di malattie non infettive. Inoltre, la diagnosi precoce delle malattie non infettive è cruciale per il loro trattamento e gestione efficaci.

In conclusione, le malattie non infettive sono disturbi cronici che possono avere effetti duraturi sulla salute e sulla qualità della vita delle persone colpite. Sebbene le cause di queste malattie siano spesso complesse e multifattoriali, modifiche dello stile di vita sane possono ridurre notevolmente il rischio di svilupparle.

Trattamenti medici

I trattamenti medici sono interventi mirati a trattare malattie e disturbi del corpo umano. Possono includere l'uso di farmaci, la chirurgia e le terapie alternative. I trattamenti medici sono un'importante componente della medicina moderna e possono aiutare a alleviare il dolore, curare malattie e migliorare la qualità della vita dei pazienti.

I farmaci sono spesso la prima linea di trattamento per molte malattie e vengono utilizzati per alleviare i sintomi, rallentare la progressione della malattia o guarire completamente. I farmaci possono agire in modi diversi, come regolare le vie biochimiche nel corpo, bloccare i recettori di superficie cellulare o modificare l'attività genica. I farmaci possono essere somministrati per via orale, tramite iniezione, inalazione o topica.

La chirurgia è un intervento invasivo che coinvolge la manipolazione dei tessuti corporei per trattare malattie e disturbi. La chirurgia può essere utilizzata per diagnosticare, curare o prevenire malattie e lesioni. Le procedure chirurgiche possono variare in complessità, dalla semplice escissione di una lesione cutanea al trapianto di organi.

Le terapie alternative sono trattamenti che vengono spesso utilizzati come complemento o alternativa ai trattamenti medici convenzionali. Le terapie alternative possono includere l'agopuntura, l'omeopatia, la fitoterapia, la chiropratica e la meditazione. Queste terapie possono aiutare a alleviare il dolore, ridurre lo stress e migliorare la salute complessiva. Tuttavia, è importante notare che alcune terapie alternative non sono state scientificamente provate come efficaci nel trattamento delle malattie.

È importante sottolineare che tutti i trattamenti medici presentano vantaggi e potenziali rischi. I farmaci possono provocare effetti collaterali indesiderati, la chirurgia può causare complicazioni e le terapie alternative possono interagire con altri farmaci. È quindi importante discutere con il proprio medico delle opzioni di trattamento disponibili e pesare i vantaggi e i rischi potenziali prima di scegliere un trattamento specifico.

In conclusione, i trattamenti medici sono un'importante componente della medicina moderna e possono aiutare a trattare molte malattie e condizioni. I farmaci, la chirurgia e le terapie alternative possono essere tutte opzioni di trattamento efficaci, ma è importante discutere con il proprio medico delle opzioni disponibili e pesare i vantaggi e i rischi potenziali. Alla fine, la decisione di scegliere un trattamento deve essere presa in collaborazione tra il paziente e il proprio medico.

Aspetti sociali ed etici della biologia umana

La sanità pubblica

La sanità pubblica è un campo essenziale della biologia umana, poiché mira a prevenire le malattie e promuovere la salute della popolazione. Le strategie della sanità pubblica includono la prevenzione primaria, la prevenzione secondaria e la prevenzione terziaria, che corrispondono rispettivamente alla prevenzione delle malattie prima che si manifestino, alla diagnosi precoce delle malattie e al trattamento e riabilitazione delle persone affette da malattie.

La prevenzione primaria è il mezzo più efficace per prevenire le malattie. Essa consiste nella promozione di uno stile di vita sano, come adottare un'alimentazione equilibrata, fare regolarmente esercizio fisico e evitare comportamenti a rischio come il fumo e l'eccessivo consumo di alcol. L'educazione alla salute svolge un ruolo chiave nella promozione di questi comportamenti sani. Essa deve essere accessibile a tutti e impartita sin dall'infanzia per instillare buone abitudini fin dalla giovane età.

Per incoraggiare le persone ad adottare comportamenti più sani, può essere utile fornire loro informazioni concrete e pratiche. Ad esempio, si può mostrare loro come preparare pasti sani ed equilibrati o dare consigli su semplici esercizi che possono fare a casa.

La prevenzione secondaria consiste nella diagnosi precoce delle malattie. Gli screening regolari possono consentire di rilevare malattie come il cancro, il diabete o l'ipertensione arteriosa in una fase precoce, migliorando così le possibilità di guarigione. Le campagne di sensibilizzazione sull'importanza di tali screening sono quindi essenziali per incoraggiare le persone a sottoporsi regolarmente a tali test.

Per stimolare le persone a sottoporsi a screening, può essere utile spiegare loro i vantaggi della diagnosi precoce, utilizzando esempi concreti. Ad esempio, si può raccontare la storia di una persona che è riuscita a guarire dal cancro grazie a una diagnosi precoce.

La prevenzione terziaria consiste nell'offrire alle persone affette da malattie il trattamento e la riabilitazione adeguati per consentire loro di recuperare un ottimale stato di salute. Ciò spesso implica l'uso di farmaci, chirurgia e terapie alternative, a seconda delle esigenze individuali. È importante garantire l'accesso a questi trattamenti a tutti i pazienti, in particolare alle persone più vulnerabili.

In questo caso, può essere utile fornire informazioni sulle diverse opzioni di trattamento, spiegando i vantaggi e gli svantaggi di ciascuna opzione. Ad esempio, si può raccontare la storia di una persona che è riuscita a superare la propria malattia grazie a un trattamento alternativo.

Anche le politiche sanitarie svolgono un ruolo cruciale nella promozione della sanità pubblica. I governi hanno il compito di sviluppare politiche sanitarie volte a garantire l'accesso a cure di qualità per tutti i cittadini, indipendentemente dal loro reddito o status sociale. Le politiche sanitarie possono anche includere misure per ridurre le disuguaglianze in materia di salute, come migliorare l'accesso all'acqua potabile e a cibi sani nelle aree svantaggiate.

Tuttavia, può accadere che alcune politiche siano mal concepite o applicate in modo errato, con conseguenze negative per la salute della popolazione. Ad esempio, una politica che vieta la vendita di bevande zuccherate nelle scuole può sembrare una buona idea in teoria, ma se non è accompagnata da misure di sensibilizzazione e di educazione alla salute, rischia di essere inefficace.

In conclusione, la sanità pubblica è un campo essenziale della biologia umana. La prevenzione delle malattie e la promozione della salute della popolazione richiedono l'attuazione di efficaci strategie di prevenzione primaria, diagnosi precoce, trattamento e riabilitazione. I governi hanno un ruolo cruciale nell'elaborazione di politiche sanitarie che garantiscono l'accesso a cure di qualità per tutti i cittadini. Infine, l'educazione alla salute svolge un ruolo chiave nella promozione di uno stile di vita sano.

Bioetica

La bioetica è una disciplina che solleva molte questioni etiche e morali correlate agli avanzamenti nella biologia umana. I rapidi progressi scientifici e tecnologici ci pongono di fronte a problemi etici che non erano stati presi in considerazione in passato.

La clonazione è una questione molto controversa in bioetica. Questa tecnica consiste nella creazione di una copia geneticamente identica di un essere vivente. I sostenitori della clonazione umana sostengono che questa tecnica potrebbe essere utilizzata per produrre cellule staminali embrionali per il trattamento delle malattie. Tuttavia, la clonazione umana solleva anche importanti preoccupazioni etiche. Essa pone domande complesse sull'identità personale e sull'unicità dell'individuo. Si potrebbe chiedere se siamo pronti a vivere in un mondo in cui gli individui potrebbero essere geneticamente identici ad altre persone. Vi sono anche preoccupazioni riguardo alla dignità umana e all'autonomia individuale.

Ad esempio, la storia di una madre che decide di far clonare il suo bambino deceduto può aiutarci a comprendere le questioni etiche legate alla clonazione. Questa storia solleva questioni sulla dignità dell'essere umano e sull'autonomia individuale.

La modifica genetica è un'altra controversa questione in bioetica. Essa consiste nella modifica del materiale genetico di un essere umano per introdurre nuove o migliorate caratteristiche. Questa tecnica può essere utilizzata per trattare o prevenire malattie genetiche. Allo stesso tempo, solleva importanti preoccupazioni etiche in termini di sicurezza, uguaglianza e autonomia individuale. La modifica genetica può essere utilizzata per migliorare le capacità fisiche o cognitive di un individuo, sollevando questioni complesse di equità e giustizia nella società.

La storia di un atleta che ha subito una modifica genetica per migliorare le sue prestazioni può aiutarci a comprendere le questioni etiche legate alla modifica genetica. Questa storia solleva questioni di equità e giustizia nella società.

L'eutanasia è una questione importante in bioetica. Essa si riferisce alla pratica di porre fine alla vita di una persona affetta da una malattia terminale o incurabile, su richiesta sua o della sua famiglia. La questione dell'eutanasia solleva importanti preoccupazioni etiche in termini di dignità, rispetto e diritti individuali. Esistono toccanti storie di persone che hanno scelto l'eutanasia per porre fine alle loro sofferenze. Queste storie mettono in evidenza i dilemmi etici che emergono dall'eutanasia.

La fine della vita è anche una questione importante in bioetica. Si riferisce al periodo della vita di una persona che precede la morte, quando la persona è affetta da una malattia o una disabilità. La questione della fine della vita solleva importanti preoccupazioni etiche in termini di dignità, rispetto e diritti individuali. Le cure palliative possono offrire sollievo dal dolore e dalla sofferenza della fine della vita, rispettando al contempo la dignità della persona in questa fase. Le ispiranti storie di persone che hanno ricevuto cure palliative possono aiutarci a comprendere l'importanza di tali cure.

In definitiva, la bioetica è una disciplina importante che richiede una riflessione approfondita e un dibattito aperto sulle questioni etiche legate alla biologia umana. La clonazione, le modifiche genetiche, l'eutanasia e la fine della vita sono solo alcune delle questioni più importanti in campo bioetico. Gli esempi e le storie possono aiutarci a comprendere i dilemmi etici sollevati da queste questioni e a riflettere su come affrontare tali problematiche in modo etico e responsabile.

Questioni sociali: disuguaglianze nella salute, accesso alle cure, integrazione delle persone affette da malattie, ecc.

Le questioni sociali legate alla biologia umana sono numerose ed importanti. Purtroppo, le disuguaglianze nella salute sono ancora presenti nella nostra società, il che significa che alcune persone hanno un accesso limitato a cure mediche di qualità. Queste disuguaglianze possono essere causate da diversi fattori, come lo stato socioeconomico, il luogo di residenza, l'età, il sesso, l'origine etnica o la lingua parlata.

Le disuguaglianze nella salute hanno conseguenze significative sulle persone colpite, ma anche sulla società nel suo complesso. Le persone che hanno un accesso limitato alle cure mediche spesso affrontano gravi problemi di salute e hanno un tasso di mortalità più elevato. Queste disuguaglianze hanno anche un impatto economico, poiché i costi per il trattamento di malattie croniche e complicanze di salute sono più alti quando i pazienti non ricevono cure mediche regolari.

In molti paesi, le donne hanno un accesso limitato alle cure sanitarie riproduttive, il che può avere gravi conseguenze sulla loro salute e sul loro benessere. In alcuni paesi, le donne si trovano ad affrontare anche tassi elevati di mortalità materna a causa di un accesso limitato a cure sanitarie di qualità durante la gravidanza e il parto.

È importante sottolineare che le disuguaglianze nella salute
non sono solo un problema nei paesi in via di sviluppo,
ma anche nei paesi industrializzati. In molti casi, queste
disuguaglianze sono causate da politiche e pratiche che
limitano l'accesso alle cure mediche per alcune popolazioni.

Ad esempio, negli Stati Uniti, gli afroamericani hanno un
tasso di mortalità più elevato rispetto ad altri gruppi etnici
per diverse malattie, come il cancro, le malattie cardiache
e il diabete. Questa disparità è in parte causata da fattori
socioeconomici come la povertà, la mancanza di accesso a
cure sanitarie di qualità e la discriminazione razziale.

È quindi importante sviluppare politiche e pratiche che
permettano di ridurre le disuguaglianze nella salute.
Ciò potrebbe includere programmi di sensibilizzazione e
prevenzione per le popolazioni a rischio, sovvenzioni per
aiutare le persone a basso reddito a pagare per le cure
mediche, programmi di formazione per gli operatori sanitari
su come fornire cure equilibrate e politiche che favoriscano
l'accesso alle cure mediche per tutti.

Ad esempio, alcune organizzazioni lavorano per fornire
cure sanitarie gratuite o a basso costo alle popolazioni
svantaggiate. Altre organizzazioni lavorano per sensibilizzare
le popolazioni a rischio sui modi per prevenire le malattie e
mantenere una buona salute.

L'integrazione delle persone colpite da malattie è anche
una questione importante. Le persone affette da malattie
croniche possono affrontare difficoltà sociali, economiche
ed emotive. È importante sviluppare programmi di supporto

che aiutino le persone affette da malattie croniche a gestire la propria salute e a mantenere la qualità della vita. Ciò potrebbe includere gruppi di supporto, programmi di educazione sulla malattia, servizi di consulenza e programmi di formazione per gli operatori sanitari su come fornire cure di qualità alle persone colpite da malattie croniche.

In definitiva, le questioni sociali legate alla biologia umana sono importanti e devono essere affrontate in modo proattivo. Sviluppando politiche e pratiche che favoriscano l'equità nella salute e fornendo supporto alle persone affette da malattie croniche, possiamo lavorare insieme per migliorare la salute e il benessere di tutti.

Le recenti progressi e le prospettive della biologia umana

I progressi tecnologici

I progressi tecnologici nel campo della biologia umana hanno permesso incredibili progressi nella nostra comprensione della nostra stessa meccanica corporea. Tra questi progressi, il sequenziamento del DNA è uno dei più importanti.

Il sequenziamento del DNA ha permesso di mappare l'intero genoma umano, aprendo nuove prospettive nella comprensione di numerose malattie genetiche. Le informazioni genetiche possono essere utilizzate per prevenire e trattare le malattie in base alla predisposizione genetica di un individuo. Questa tecnica è stata anche utilizzata per la diagnosi di malattie genetiche rare, consentendo una rilevazione più precoce e precisa di queste condizioni.

Ad esempio, grazie a questa tecnica, i ricercatori sono stati in grado di identificare la mutazione responsabile della malattia di Huntington, una malattia neurodegenerativa ereditaria che colpisce il movimento, la cognizione e il comportamento. Sequenziando il genoma delle persone affette dalla malattia, i ricercatori hanno scoperto una ripetizione eccessiva di un segmento di DNA, chiamato trinucleotide CAG, in un gene specifico. Questa scoperta ha permesso una migliore comprensione della causa della malattia e ha aperto nuove prospettive per lo sviluppo di trattamenti.

La bioimaging è un altro importante progresso tecnologico nel campo della biologia umana. Le tecniche di imaging si sono notevolmente evolute negli ultimi anni, consentendo ai medici e agli scienziati di visualizzare l'interno del corpo umano con una precisione mai raggiunta prima. Le tomografie computerizzate (TC) e le risonanze magnetiche (RM) consentono di visualizzare gli organi interni, i vasi sanguigni e i tessuti molli del corpo, consentendo di rilevare anomalie, malattie e lesioni.

Ad esempio, grazie alla tomografia computerizzata (TC), i medici possono visualizzare i vasi sanguigni e i tessuti molli del corpo per rilevare anomalie, malattie e lesioni. Questa tecnica è stata utilizzata per diagnosticare una malformazione artero-venosa in una giovane donna di 25 anni. Questa malformazione è una connessione anormale tra arterie e vene che può portare a emorragie cerebrali. Grazie alla TC, la malformazione è stata individuata e trattata prima che diventasse letale.

Le nanotecnologie hanno anche aperto nuove prospettive nel campo della biologia umana. Le nanotecnologie consentono la manipolazione di strutture a livello nanometrico, permettendo di creare nuove terapie e nuovi strumenti per la ricerca.

Ad esempio, i ricercatori hanno sviluppato nanorobot per mirare e distruggere selettivamente le cellule tumorali. Questi nanorobot sono programmati per riconoscere specificamente le cellule tumorali e distruggerle senza danneggiare le cellule sane circostanti. Questa tecnica offre un trattamento più preciso e meno invasivo rispetto ai trattamenti convenzionali.

In conclusione, i progressi tecnologici nel campo della biologia umana hanno aperto nuove prospettive per comprendere la nostra stessa meccanica corporea. Il sequenziamento del DNA, la bioimaging e le nanotecnologie hanno permesso progressi significativi nel trattamento e nella prevenzione delle malattie, nonché nella ricerca medica in generale. È importante continuare a investire nella ricerca e nello sviluppo di nuove tecnologie per migliorare la nostra comprensione della biologia umana e offrire nuove soluzioni terapeutiche.

Le applicazioni della biologia umana: medicina personalizzata, medicina rigenerativa, biotecnologie, ecc.

In questa parte del libro, esploreremo le applicazioni della biologia umana nel campo della medicina personalizzata, della medicina rigenerativa e delle biotecnologie. Questi settori di ricerca offrono prospettive entusiasmanti per il miglioramento della salute umana e la prevenzione e il trattamento delle malattie.

La medicina personalizzata è un approccio alla medicina che utilizza informazioni genetiche, ambientali e di stile di vita di un individuo per prevenire, diagnosticare e trattare le malattie. Utilizzando le tecniche di sequenziamento del DNA, i medici possono identificare le varianti genetiche che possono aumentare il rischio di malattie e adattare il trattamento in base a queste informazioni. Ad esempio, per un paziente affetto da cancro, la medicina personalizzata permetterebbe di scegliere il trattamento più efficace in base alla genetica del paziente.

Ad esempio, grazie alla medicina personalizzata, una donna affetta da un cancro al seno ereditario potrebbe sottoporsi a un test genetico per determinare se è portatrice della mutazione BRCA1 o BRCA2. Se fosse positiva per una di queste mutazioni, i medici potrebbero consigliare la rimozione preventiva del seno e delle ovaie per ridurre significativamente il rischio di sviluppare il cancro.

La medicina rigenerativa è un approccio innovativo per rigenerare o sostituire tessuti e organi danneggiati. Questo approccio utilizza le cellule staminali per rigenerare tessuti e organi, o biomateriali per sostituire parti danneggiate del corpo. La medicina rigenerativa offre un grande potenziale per il trattamento di malattie croniche come malattie cardiache, malattie neurologiche e malattie epatiche.

Ad esempio, la medicina rigenerativa può essere utilizzata per trattare lesioni al midollo spinale. I ricercatori hanno sviluppato una tecnica che prevede l'impianto di cellule staminali nel midollo spinale danneggiato per sostituire le cellule mancanti e ripristinare la funzione.

Le biotecnologie sono un insieme di tecniche che utilizzano organismi viventi o processi biologici per sviluppare prodotti o servizi. Nel campo medico, le biotecnologie sono utilizzate per sviluppare nuovi farmaci, vaccini e terapie genetiche. Ad esempio, le terapie genetiche utilizzano vettori virali per introdurre nuovi geni nelle cellule dei pazienti, consentendo così di trattare malattie genetiche come la fibrosi cistica.

Ad esempio, la terapia genica è stata utilizzata con successo per trattare bambini affetti da una forma rara di leucemia. I ricercatori hanno utilizzato un virus modificato per trasportare un gene sano nelle cellule tumorali, permettendo al sistema immunitario di riconoscerle e attaccarle.

I recenti progressi in questi settori offrono nuove prospettive per la medicina e la salute umana. È fondamentale continuare la ricerca in questi settori per continuare a migliorare la salute umana. Tuttavia, è importante sottolineare che questi progressi sollevano anche importanti questioni etiche e sociali, ad esempio per quanto riguarda l'utilizzo di cellule staminali da fonti etiche e sostenibili nella medicina rigenerativa.

Le sfide della ricerca futura

La ricerca futura in biologia umana si preannuncia appassionante e promettente, con notevoli progressi che hanno già avuto un impatto significativo sulla salute umana. In questa sezione, esploreremo alcune delle sfide di ricerca più importanti in questo campo, tra cui l'invecchiamento, la salute ambientale e la medicina di precisione.

L'invecchiamento è una sfida fondamentale per la biologia umana. Con l'aspettativa di vita in costante aumento, diventa sempre più importante comprendere i processi biologici sottostanti all'invecchiamento e sviluppare trattamenti per rallentare o invertire questi processi. La ricerca sull'invecchiamento comprende lo studio dell'orologio biologico interno dell'organismo, l'impatto dell'ambiente sull'invecchiamento, la rigenerazione dei tessuti e la prevenzione delle malattie legate all'età come l'Alzheimer, il

Parkinson e il cancro. I progressi in questo campo potrebbero avere un impatto significativo sulla qualità della vita delle persone anziane e sulla durata della vita in generale.

La salute ambientale è anche una sfida importante per la biologia umana. La ricerca attuale si concentra sull'impatto dell'ambiente sulla salute, compresa l'inquinamento dell'aria, dell'acqua e del suolo, l'esposizione a pesticidi, disturbi endocrini e cambiamenti climatici. I progressi in questo campo potrebbero portare a cambiamenti politici per proteggere l'ambiente e ridurre i rischi per la salute, nonché a progressi nella medicina ambientale per trattare malattie causate dall'ambiente.

Uno degli esempi più significativi è stato il caso del mercurio negli anni '50, in cui i bambini sono stati gravemente colpiti dall'esposizione al mercurio nell'ambiente. Da allora, sono state introdotte regolamentazioni più rigide per limitare l'esposizione a sostanze tossiche, ma resta ancora molto da fare per proteggere la salute umana dai contaminanti ambientali.

La medicina di precisione è un'altra importante sfida di ricerca nella biologia umana. Questo approccio personalizzato alla medicina coinvolge l'utilizzo di test genetici, imaging medico e altri strumenti per diagnosticare e trattare le malattie in base alle caratteristiche individuali di ciascun paziente. I progressi nella medicina di precisione potrebbero portare a una migliore prevenzione, trattamenti più efficaci e cure sanitarie più convenienti.

In conclusione, la biologia umana è un campo affascinante

in continua evoluzione, con notevoli progressi che hanno già avuto un impatto significativo sulla salute umana. I progressi in questi settori potrebbero portare a una migliore comprensione della biologia umana, a trattamenti più efficaci e a una migliore qualità di vita per le persone affette da malattie. Tuttavia, questi progressi devono essere condotti con cautela e riflessione etica adeguata. È fondamentale che ricercatori, decisori politici e pubblico lavorino insieme per far progredire la biologia.

Conclusione

Bilancio dei progressi e dei limiti della biologia umana

Il bilancio dei progressi e dei limiti della biologia umana
è un argomento importante da affrontare. Nel corso degli
anni, la biologia umana ha fatto notevoli progressi nella
comprensione del corpo umano e del suo funzionamento.
Tuttavia, c'è ancora molto da scoprire e comprendere. In
questa sezione, esamineremo i progressi e i limiti della
biologia umana.

Dalle scoperte di Gregor Mendel sull'ereditarietà dei caratteri,
la biologia umana ha fatto significativi progressi nella
comprensione dei processi biologici fondamentali. Le ricerche
sull'ADN hanno permesso di comprendere la struttura
del DNA e dell'RNA, nonché il processo di trascrizione e
traduzione del DNA in proteine. I progressi nella tecnologia
di sequenziamento dell'ADN hanno consentito agli scienziati
di comprendere meglio le mutazioni genetiche e le loro
conseguenze sulla salute umana.

I progressi nell'immagine medica, come la risonanza
magnetica (IRM), la tomografia ad emissione di positroni
(TEP) e la tomografia computerizzata (TC), hanno consentito
una migliore comprensione della struttura e della funzione
degli organi umani, nonché della progressione delle malattie.
Le nuove tecnologie, come le cellule staminali e la medicina
rigenerativa, offrono opportunità per la cura di malattie
croniche e lesioni corporee.

Tuttavia, nonostante questi significativi progressi, ci sono ancora limiti nella comprensione della biologia umana. La complessità del corpo umano e dei processi biologici rende difficile una comprensione completa dell'interazione tra cellule, organi e sistemi corporei. Le differenze individuali, come età, sesso, fattori ambientali e genetici, aggiungono a questa complessità.

Inoltre, sebbene i progressi nell'immagine medica e nella tecnologia medica abbiano migliorato la qualità della vita per molte persone, ci sono ancora molte malattie incurabili come il cancro, le malattie neurologiche e le malattie autoimmuni. La ricerca su queste malattie richiede finanziamenti significativi e anni di studio per trovare trattamenti efficaci.

Infine, gli aspetti etici della biologia umana, come la clonazione, la modifica genetica e l'eutanasia, pongono domande difficili sulla responsabilità degli scienziati e dei governi nei confronti della società.

Un appello all'impegno e alla responsabilità di ognuno verso la biologia umana.

La biologia umana è una scienza affascinante che ci aiuta a comprendere meglio il nostro corpo e i processi biologici che ci mantengono in vita. Tuttavia, questa conoscenza deve essere accompagnata da una consapevolezza della nostra responsabilità individuale e collettiva verso la nostra salute e quella del pianeta.

Come esseri umani, abbiamo la responsabilità di prendersi

cura del nostro corpo e della nostra salute adottando uno stile di vita sano. Ciò implica mangiare una dieta equilibrata e variata, fare regolarmente esercizio fisico, dormire a sufficienza e limitare comportamenti a rischio come il fumo e l'assunzione eccessiva di alcol. Prendendoci cura della nostra salute, contribuiamo anche a prevenire la diffusione di malattie e disturbi nel nostro ambiente circostante.

Abbiamo anche la responsabilità di prendersi cura del nostro pianeta adottando comportamenti rispettosi dell'ambiente. L'aria che respiriamo, l'acqua che beviamo, il cibo che consumiamo e l'ambiente in cui viviamo hanno tutti un impatto sulla nostra salute. Prendendoci cura del nostro ambiente, contribuiamo a preservare la nostra stessa salute e quella delle future generazioni.

Infine, abbiamo la responsabilità di informarci sulle questioni della biologia umana e di partecipare ai dibattiti e alle decisioni che influenzano la nostra salute e il nostro benessere. La bioetica, ad esempio, è un campo che solleva molte questioni etiche e sociali importanti, come la clonazione, la modifica genetica e la fine della vita. Partecipando a questi dibattiti, possiamo contribuire a plasmare un futuro più etico e responsabile per la nostra società.

In conclusione, la biologia umana è una scienza affascinante che può aiutarci a comprendere meglio il nostro corpo e i processi biologici che ci mantengono in vita. Tuttavia, questa conoscenza deve essere accompagnata da una consapevolezza della nostra responsabilità individuale e collettiva verso la nostra salute e quella del pianeta.

Adottando uno stile di vita sano, prendendoci cura del nostro ambiente e partecipando ai dibattiti sulle questioni della biologia umana, possiamo tutti contribuire a un futuro più salutare, etico e responsabile.

Si ricorda che tutte le informazioni presentate in questo libro sono state attentamente studiate e riferite da fonti scientifiche affidabili. Se desideri approfondire la tua conoscenza su un argomento specifico, non esitare a consultare queste fonti elencate alla fine del libro.

Desidero esprimere tutta la mia gratitudine e riconoscenza ai lettori di questo libro sulla biologia umana. Lavorando su questa sezione, sono stato profondamente colpito dalla complessità e dalla bellezza del nostro corpo, nonché dalla fragilità e dall'importanza della nostra stessa salute.

Sono consapevole che queste informazioni possono sembrare difficili e tecniche, ma sono convinto che la conoscenza della nostra biologia possa aiutarci a comprendere meglio il nostro ruolo nel mondo e a connetterci meglio con il nostro corpo stesso.

Spero che questo libro abbia suscitato in te il desiderio di approfondire la biologia umana e che ti spinga a prenderti cura della tua salute e di quella degli altri. Grazie infinite per la tua attenzione e interesse per questo importante argomento.